懒蚂蚁

U0190547

微百科系列·第二季

大数据
正在改变我们生活的
新信息革命

BIG DATA

How the Information Revolution
is Transforming Our Lives

[英] 布赖恩·克莱格

著

宋安妮

译

重庆大学出版社

献给

吉莉安、切尔西和丽贝卡

目 录

1

想你所想

▶▶▶

有关大数据的大事件

无论在新闻报道中还是纪录片中，我们常常会看到"大数据"三个字，它无处不在。在信息社会发展的几十年中，大数据究竟改变了什么？

让我们从大数据时代的一个成功案例——奈飞公司（Netflix）开始谈起。奈飞公司原本从事 DVD 租赁业务，后因大数据而得以转型——当然这家公司的转型并不单单局限于其业务范围从 DVD 转向互联网，还有很多方面的转型。和 DVD 出租一样，提供按需视频服务也不可避免地涉及大量数据处理。DVD 就是存储了千兆字节数据的光盘。然而，大数据技术除了让数据处理更便捷之外，还带给人类更深远的影响，它可以利用所有可用的数据集合来变革服务或变革组织。

奈飞公司重视大数据的应用，该公司所提供的服务比传统广播服务更看重双向沟通，该公司能清楚地了解谁在收看、收看什么、在何时何地收看等信息。其系统还可以交叉搜索观众的兴趣，掌握观众反馈。作为观众，我们可以从奈飞公司所推荐的节目中看出其数据分析的结果。当然，有时某些推荐的节目看起来并不符合观众口味，这是因为数据系统试图预测观众的好恶，但预测结果却不一定准确。从奈飞公司的角度来看，用数据去预测大量顾客群的偏好更大的好处在于：可以改变委托制作新电视剧的流程。

举个例子吧。奈飞公司在委托制作的首部电视剧《纸牌屋》上就取得了突破。如果这是一个传统的网络电视项目，那么制作公司可能会制作一个试播集，针对不同的观众进行试播，也可能会先冒险做短季投资（这样一来，《纸牌屋》项目很可能会半途而废），然后再正式全面地投入到项目实施中去。这一切都因大数据发生了改变，大数据简化了奈飞公司的电视制作流程。

2011 年，该剧的制作人莫德凯·威奇克（Mordecai Wiczyk）和阿西夫·萨诸（Asif Satchu）走访了美国各大电视台，试图筹措资金制作该剧试播集。但是，自 2006 年电视剧《白宫风云》播放完结以后，还没有哪一部政治剧获得过成功，因此投资者们并不看好《纸牌屋》，觉得投资风险太大。然而，奈飞公司从大量的客户数据中获知自己拥有一批庞大的观众群，这些观众喜欢原版 BBC 电视剧所表现的幽默和黑暗，而《纸牌屋》正好拥有这种幽默和黑暗，因此奈飞公司将其纳入制作计划中。同时，奈飞公司还通过大数据发现很多观众青睐导演大卫·芬奇（David Fincher）和演员凯文·史派西（Kevin Spacey）的作品，因此特意邀请了大卫·芬奇和凯文·史派西参与《纸牌屋》的制作，这成为该剧的制作亮点之一。

强有力的数据不但表明奈飞公司拥有一批忠实观众，而且还表明这些观众早就期待着奈飞公司新剧播出，因此奈飞公司并没有委托试播，而是直接为前两季预付了一亿美元，制作了总共26集的电视剧。这样一来，《纸牌屋》的制片人可以在更宏大的画布上自信地创作，并赋予这部系列剧新的深度，这是之前没有料想到的，结果自然是《纸牌屋》大获成功。虽然并不是每一部出自奈飞公司的电视剧都能像《纸牌屋》一样大红特红，但是奈飞公司的很多剧集都赚回了制作成本，即便是在播出进度较慢的情况下也能如此，这一成绩已相当不错了。2016年该公司推出电视剧集《王冠》。《王冠》和《纸牌屋》一样，也是以高成本的两季开头，虽然与用传统播放方式播出的剧集相比，这样的播出方式让成功来得晚些，但是结果是令人欣慰的。这种由大数据驱动的播放模式已经屡次创造电视剧集播放神话，然而过去的情况却不一样，通常行业高管会凭直觉决定影视剧集的播放模式，问题在于大多数时候行业高管的直觉是错误的。

有能力了解新剧集的潜在观众群并不是《纸牌屋》获得成功的唯一秘诀，巧妙使用大数据也是带来更多成功的秘诀。例如，奈飞公司可以针对不同观众群体制作不同的预告片。该公司的电视剧播出方式也和传统播出不一样，不是一集一集地播出、每周更新一次，而是一次性播出整季。由于没有广告要求观众固定在某一时段收看剧集，奈飞公司可以将观剧控制权交给观众，这已经成为流媒体影视行业最常采用的发行策略，当然，这种发行策略只有依靠大数据才能实现。

大数据不仅仅服务于商业领域，还广泛应用于其他领域。大数据可以预测犯罪地点，这可能改变警察的破案流程；大数据可以使原本静止的照片生动起来；大数据可以为实现真正的民主提供前所未有的帮助；大数据可以预测《纽约时报》的下一本畅销书；大数据可以让人们了解自然的基本构成；大数据还可以推动医学变革。

不受欢迎的是，大数据也给企业和政府提供了深入了解每一个人的机会，无论是向个人兜售产品变得便捷，还是对个人加以控制变得容易。但是，毋庸置疑，大数据已然存在，认识到大数据的好处和意识到大数据的风险对人类而言都是至关重要的。

未来之匙

从奈飞公司对《纸牌屋》潜在观众群的分析便可以看出，大数据具有极其强大的应用潜力，收集大量信息并进行分析处理，这些能力是人类在没有计算机的情况下永远无法具备的。

人类和数据打交道自古有之。数据概念的诞生要追溯到六千多年前的农耕社会。随着时间的推移，通过计数和书面文字记录的数据成为文明的支柱。在十七、十八世纪，数据逐渐演变成一种工具，试图打开未来之窗，但当时的种种尝试都因数据范围有限和人类分析能力不足而受到限制。如今，大数据正前所未有地发挥着巨大效力，开辟着一个崭新的世界。有时候，它表现得高调炫酷，如能运用智能语音交互技术指挥亚马逊智能音箱ECHO；有时候，它又低调得无迹可寻，就藏在你手中的那张普普通通的超市会员卡里。无论高调还是低调，我们可以确定的一点是大数据的应用正在快速增长，大数据具有极其巨大的潜力影响人类的未来，也许是光明的未来，也许是晦暗的未来。

像数据这样看似渺小的东西怎么会有如此巨大的潜力呢？要回答这个问题，我们需要更深入地了解什么是大数据以及如何合理使用大数据。让我们从数据说起。

2

规模很重要

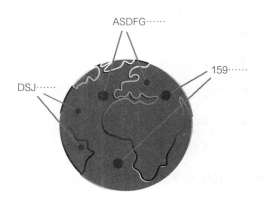

▶▶▶

数据是……

根据词典的解释，数据的英文单词"data"源于拉丁语"datum"一词的复数形式，"datum"的原意为"被给予的东西"，因此大多数科学家认为我们现在也应当按照拉丁语把"data"一词看成复数形式，应该说"the data are convincing"，而不是"the data is convincing"。但是，一向严谨的《牛津词典》指出应该把"data"当作单数集合名词使用——指一个集合体，这是现在"普遍认为标准的用法"。这种解释听起来合乎情理，所以我们把数据的英文"data"用作单数名词。

"被给予的东西"词义有些模糊，到底指什么不太清楚，似乎任何被记录且可能为以后所用的东西都可以称作"数据"。其实，最常见的数据指数字和数量，例如，这本书的词语就是数据。

如果把人类认知形象地总结为一个金字塔，数据可以说是这个金字塔的基础：

2 规模很重要 / 009

　　我们从数据中构建信息。相关数据集合在一起，告诉我们世界所发生的一些有意义的事情。例如，如果这本书中的词语就是数据，我将这些词语排列成句子、段落和章节，使之成为信息。我们从信息中构建知识。知识是对信息的一种解释，是对信息的一种利用——通过阅读这本书并对信息进行加工，我们形成思想、观点和未来的行动，这样知识得以发展。

　　在另外的例子中，数据可能是一组数字，将这些数字记录在一个表格中，例如，每小时记录下某一海域的鱼类数量，这个表格就会给你提供信息。有人利用这些信息推测出什么时候是钓鱼的最佳时机，这个人就获取了知识。

攀登认知金字塔

　　自人类文明诞生以来，人类一直不断地提升技能掌控数据，以攀登这座认知金字塔。至少从四千多年前美索不达米亚平原的泥板文书开始，人类就开始这样的尝试了。泥板文书让数据不再保存于人的大脑和洞穴岩壁，数据变得更实用、更多用。泥板文书是可移动的数据存储。几乎在同一个时代，第一个数据处理器从看似简单但功能强大的算盘中被开发出来。无论是最开始在柱子上使用标记或石头，还是后面在钢丝上使用珠子，人类通过这些工具掌控简单的数字数据。虽然在过去的几个世纪，人类对数据的操控能力不断增强，但事实上，直到十九世纪末期，在人类不断完善人口普查工作过程中，大数据的影响才真正变得明显起来。

在美国人口普查的初期，存储和处理的数据数量不断增加，这让当时可用的资源无力承受，这项工作似乎注定要失败。两次人口普查之间有十年的间隔，但是随着人口的增加，数据变得越来越复杂，将人口普查数据制成表格也需要花费越来越长的时间。很快，问题来了，在下一次人口普查到来之前，上一次的人口普查数据都还没来得及详细分析。机械化的设备解决了这个问题，电子机械设备使穿孔卡片（每一张卡片代表一个数据片段）能够快速地自动操作，没有人能超越机械设备的效率。

到了二十世纪四十年代末，随着电子计算机的出现，人类使用的设备进入了金字塔的第二层，数据处理让位于信息技术。自从书写发明以来，信息存储就已存在，书籍是跨越时空的信息存储器，新技术的到来使人类能够更好地操控信息，这是前所未有的进步。计算机（计算机的英文单词"computer"最初指那些在纸上进行计算的数学家）这种全新的设备脱离了人脑计算，不仅可以处理数据，还可以将其转化为信息。

在很长一段时间里都存在这样一种观点：要达到金字塔的最高层，将信息转化为有价值的知识，似乎需要"以知识为基础的系统"来完成。计算机程序曾试图捕捉人类应用知识和解释数据的规则。但事实证明这很难办到，原因有三：首先，人类专家并不希望这么快被机器取代，很难诚心合作；其次，人类专家常常也不清楚自己是如何将信息转换成知识的，即使他们想表达清楚这些信息转化规则，往往也很难做到；最后，事实证明用计算机程序模拟现实会非常复杂，难以得出有用的结果。

现实世界在数学意义上常常是混沌的，但这并不意味着现实发生的种种是随机的，情况恰恰相反，这意味着世间各事物之间存在着诸多的相互作用和相互联系，当前的一个极小变化可能对未来产生巨大的影响。在很大程度上，预测未来实际上是不可能的。

如今，随着互联网和移动计算技术的普及，人类正在经历另一场计算机革命，大数据为我们提供了另一种选择，以一种更务实的方式让我们能够站在数据—信息—知识金字塔的顶层。大数据系统需要大量的数据——这些数据通常是快速流动的、非结构化的——且大数据系统能更灵活快速地针对数据作出反应。在不久前这一切都是不现实的。信息处理能达到如此程度，在过去看起来是那么遥不可及。过去的研究者往往依赖于抽样分析。

抽样研究最常出现在民意调查中。调查者试图通过一小部分人群推断出一个群体的态度。在所谓设计得不错的民意调查中，小部分人群都是经过精心挑选，以代表整个群体，即便这样，假设和猜测却不可避免。从最近的选举结果看出，民意调查最多能提供一个较好的猜测结果。2010 年英国大选如何？民意调查结果和最终结果不符。2015 年英国大选如何？民意调查结果和最终结果不符。2016 年英国脱欧公投和美国总统大选——如你所猜：民意调查结果和最终结果不符。在本书后文中，我们会探讨民意调查结果的错误率为什么会这么高。大数据不一样，它收集每一个人的数据而不是抽样调查，这解决了民意调查不准确的问题。人类目前所掌握的大数据技术让我们可以不断地访问数据，不再像过去的人口普查和全民选举一样，依赖一套笨拙、缓慢的机制来统计数据。

过去、现在和未来

对于数据爱好者而言，过去、现在和未来有着各自的区别。从传统观念来看，过去的数据是唯一可以确定的。最早的数据出现似乎是为了发展农业和贸易而记录相关事件，最先认识数据价值的是计算人员，然而，他们当时使用的数据并不那么容易被获取，因为数字概念本身都还不明确。

让我们回顾一下曾经强大的城邦国家乌鲁克（Uruk）。大约6 000 年前，乌鲁克位于现在的伊拉克。乌鲁克人很快就获取了贸易交易的数据，但他们不知道这些数据是可以通用的。我们现在自然而然会认为数据可以通用，但当时的乌鲁克人却不这样认为。想象一下，如果你是一名乌鲁克商人，用一套数字系统来计算奶酪、新鲜鱼类和谷物的数量，却还要使用另外一套完全不同的数字系统来数动物、人或干鱼，结果会是什么样子。即便如此，数据与贸易建立了密不可分的联系，就像数据和国家的建立一样。英文单词"statistics"（统计）和英文单词"state"（国家）有相同的词根，"statistics"一词最初的含义就是"关于一国的数据"。无论获取数据是为了促进贸易、统计税收还是推动城市发展，了解过去是非常重要的。

从某种意义上说，无论是对过去数据的信任依赖还是对未来数据的务实预测，都不可能是完美的问题解决之道，最重要的还需要了解"现在"的实时数据。但是实时数据一直仅仅应用于本地交易中，这种情况直到二十世纪大数据机制出现后才得以改善。当然即便如此，现在依旧有企业忽略实时数据的存在。

有一类企业在很大程度上依赖于大数据，例如超市，而另一类企业，如图书出版企业却很少和数据打交道，对比一下这两类企业的模式很有意思。一家大型超市的管理者能够清楚地告知你超市所有商品每一分钟的销售情况，对全天销售动向了如指掌。管理者还能够随时和供货商交流供货需求情况，全天如此，超市当前的实时数据是大数据库中下一组数据的重要组成部分。然而，出版业（至少从作者的角度看）却截然不同。

　　通常的情况下，出书的作者会在九月底收到一份一至六月的书籍销售统计表，并且在十月按照统计表数据拿到相应的报酬。这并不是因为日日兑现的销售系统不存在，而是因为日日兑现对于出版业而言没有任何意义。出版业一般都采用"剩货保退"的模式，即书籍在运送到书店的那一刻就被视为已经出售，但在后期任何时候退货将退款。这种模式很好地说明了我们为什么要尽力掌控"现在"的实时数据——掌握实时数据并非难事，只要有技术支持就可以，但商业协议是在过去制定的，因此出版业要转用大数据模式是一个巨大的挑战。这个例子只涉及了过去和现在，倘若涉及未来，情况又完全不同，可能更为复杂。

　　直到十七世纪，人类才有意识地发现来自过去的数据可以应用于未来。我强调"有意识"这个词，是因为人类一直在使用数据，我们使用来自实践经验的数据帮助自己为未来可能出现的情况做准备，但是有意识地并且明确地重视数据使用是在十七世纪才出现的。

　　十七世纪的伦敦，有一个名叫约翰·格朗特（John Graunt）的纽扣制造商。出于好奇，格朗特拿到了关于"死亡清单"（bills of mortality）的一手资料——这些文件记录了 1604—1661 年伦敦死亡事件的细节。格朗特不但对研究数据感兴趣，而且还把从这些数据中收集到的信息与尽可能多的其他数据结合起来——比如婴儿出生等零星细节。结果，他尝试着了解了伦敦人口的变化（当时还没有人口普查数据），也了解了不同因素如何影响预期寿命。

基于格朗特发明的数据计算方法，利用过去的数据预测未来，让某个产业在伦敦的咖啡馆里萌芽成型，并逐步发展壮大成为遍及全球的产业。在某种程度上，这个产业和存在了几千年的赌博有雷同之处。但不同的是，在这个产业中，数据被人类有意识地研究，并有意识地用于设计某个计划。数据让这个产业变得消息灵通，新型的赌博形式——保险业应运而生。人类渴望用数据来量化未来，这仅仅是个开始。

水晶球

诚然，想要预测将要发生什么是人类自古就有的愿望，谁不想知道接下来会发生什么呢。谁会赢得一场战争？哪匹马会在英国切普斯托赛马场赢得 2.30 分？占卜师、占星家和算命师几千年来一直从事着这份稳定的工作。然而，在过去，窥探未来的能力依赖于想象中的神秘力量。格朗特和其他早期的统计学家所做的贡献让人类有了新的希望，能从科学的角度来预测未来。数据是一条发光的链条，把过去和未来紧密联系起来。

数据可能预测人的寿命，这一点对于保险业而言很有用处。很快，数据的使用不再局限于保险业，从科学研究领域对陨石的预判到商贸领域对销售量的预估，用数据来科学预测未来变得举足轻重。从字面意思来看，预测的意思是"提前抛出"或"提前规划"。通过收集过去的数据，以及尽可能地收集"现在"的数据，预测将数字"抛"给未来——借助数据拨开时间的面纱。

人类的种种预测尝试有成功也有失败，发挥并不稳定。自十九世纪六十年代《泰晤士报》问世以来，英国国民就培养出一种嗜好——抱怨天气预报不够准确，尽管如今的天气预报与四十年前相比已经准确多了，但英国人对此却乐此不疲，原因我们后面会谈到。数据在人们看来就是一组数字和计算，因此很难接受过去的数据和未来的数据有质量上的差异，这听起来似乎很有道理。人们自然而然地为两者赋予相同的权重，常常带来啼笑皆非的结果。

拿商贸行业至关重要的环节销售预测为例。公司一般通过以往的销售数据来预测未来的销售数据。通常来讲，没有哪家公司预测的数据是绝对准确的，在这种情况下，公司通常会针对"哪个环节出了问题"作事后分析，这就轻率地忽略了一个事实：从定义上来看，预测就不可能是百分之百准确的，预测结果自然会与实际销售不符，但是公司却力图刨根问底找出到底为什么。这背后隐藏着的问题是：当我们和数据打交道时，太过于依赖模式思维。

模式思维和自我欺骗

模式思维是人类用以了解世界的主要途径。如果不是依靠模式思维推断出捕食者、朋友、食物和危险，人类就不能存活。每当我们在过马路时碰到有一个带着四个轮子的大家伙朝自己冲过来，首先得判断它是否形成威胁，否则很可能有生命危险。可能这个四轮家伙的外形和颜色我们从未见过，但我们得判断出这是一辆轿车还是一辆卡车，并采取相应的行动。其实，科学就意味着遵循模式——没有了模式，我们就需要一个全新的理论来解释每个原子、每个物体、每个动物的行为，这根本行不通。

遵循模式并不是不好，但是人类为了辨别事物，常常把模式思维弄得太过于精细，这就是很愚蠢的行为了。1976年，"海盗一号"探测器拍摄到火星表面的详细照片并传回了图像，我们长期依赖于用固定模式来识别信息的大脑立即告诉我们图像上是一张人脸的巨幅雕像。后来的照片显示这是一种错觉，火星表面没有人脸雕像，而是太阳处于特定角度时在石头上投下的阴影。虽然这块露出来的岩石与人脸没有任何联系，但是人们在初次看到它时不可能不把它想象成一张人脸。有一个术语就指的这种情况：

幻想性视错觉。同样地，预测的整个过程都是基于模式的——模式既是预测的优势，也是预测的最终败笔。

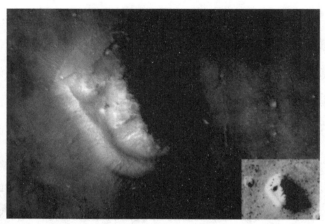

2001 年拍摄的"火星之脸"，右下角为 1976 年拍摄的照片

如果我们手中掌握的历史数据没有任何模式，我们便不能说出任何对未来有用的话语。真要提及没受任何模式思维影响的数据——当然人们刻意要使这个数据不受模式思维的影响——一个很好的例子便是彩票开奖选球了。目前，英国的乐透彩票开奖用了 59 只球，如果选球的机制没有任何水分，每周选出的球也无任何模式可循，就不可能预测出下一次开奖会选中哪只球。但是人们不会这么理性，还是会一次又一次地尝试猜测中奖号码。

看看彩票网站，你会发现有一个页面提供了每只球的统计数据，表格会显示每个数字被选中的次数。截至本书撰写之时，乐透彩票已开奖了 116 次，中奖次数排在一、二位的分别是 14 号球（中奖 19 次）和 41 号球（中奖 17 次）。虽然这两只球并无任何实际联系，但是按固定模式思维的大脑难免会想："嗯，有意思，为什么这两只球正好数字顺序相反？"

中奖次数最少的是 6 号球、48 号球和 45 号球，都只中过 5 次，这就是随机性。随机事件不会均匀分布，会有聚集和间隙。用一种简单的物理方式来描述这种随机性就容易明白了。想象一下，把一罐钢珠倒在地板上，如果它们都均匀地分布在一个网格上，我们反倒会非常疑惑——在我们心中，它们一定不会均匀分布，一定是存在聚集和间隙的。但是不看这个例子，我们很可能会认为 14 号球中奖 19 次和 6 号球只中 5 次差距如此之大必然会有什么原因。

一旦严重依赖模式思维，将很难抵抗它带来的强烈症状。彩票公司之所以提供统计数据是因为它知道很多人会认为最近很难中奖的球号"应该被淘汰"。事实上，这些球号并不应该被淘汰。一次中奖和下一次中奖之间没有任何联系，彩票并没有记忆功能。在这种情况下，我们不能用过去预测未来，但事实上我们却常常这样做，因为我们几乎不可能避免模式思维强加给我们的自我欺骗。

当然，有些预测没有彩票预测那么绝对。在大多数的情况下，无论是天气、股票交易还是威灵顿长筒靴的销量，预测的数据都和过去的数据有所关联，这种关联值得研究。在某些情况下，我们的确可以利用数据作出有意义的预测，但是我们仍然需要了解其中的局限性，小心谨慎地作出预测。

外推法和黑天鹅

使用数据预测未来最简单的一种方式就是假设情况会和昨天一样，保持不变。方法虽简单，效果却出奇地好，不需要什么计算能力。我可以预测明天早上太阳会升起（如果你很较真，觉得这个说法描述不够准确，你也可以预测地球会旋转。即便太阳没有被肉眼看见，但太阳明天早上也会升起），预测正确的概率很大。但是，最终有一天这个预言将会是错误的，太阳不会再升起。当然对于阅读本书的广大读者而言，这种情况这辈子是不会遇到的。

人们往往会认为某事物不可能"一直持续增加"，预测某事物"一直持续增加"注定会失败。然而，就有这样的预测能行得通。摩尔定律预测电脑芯片中的晶体管数量每一到两年就会增加一倍。人们预测摩尔定律的预测终将失败，并在近二十年的时间里一直认为其失败"很快"就会发生。但是直到 2016 年，摩尔定律已经安然存在超过五十年了，事实证明电脑芯片中晶体管的数量成倍增加还在持续反复地出现，"一直持续增加"的预测依然有效。类似的例子还有历史上反复多次出现的通货膨胀。通货膨胀导致货币贬值。当然，历史上也会出现通货紧缩，还会有重新更换货币的情况，但是不可否定的是，通常情况下"货币价值下降"都会是一个很好的预测，常常行得通。

很遗憾，对于预测者而言，很少有预测系统如此简单，因为许多事物可能存在周期性的变化。我在前一节的结尾部分提到过威灵顿长筒靴。威灵顿长筒靴的销售量可以基于过去的数据预测，但是仅仅依靠过去的数据是不行的，我们需要足够多的数据，了解全年的销售的变化趋势，才能够预测得更精准。我们已经向大数据迈出了第一步。仅预测下周的销售量会与上周持平，或者仅预测将会出现预料之内的增幅往往是不够的。数据之外的一些其他因素也会产生影响，例如，天气变化会让秋季靴子销量远高于夏季（就算夏季那些乱七八糟的音乐节会刺激靴子销售出现一时飙升，但夏季总销量还是不及秋季）。

再举一个例子——烧烤。据连锁超市乐购（Tesco）估计，初夏气温升高十摄氏度，会让烧烤爱好者进入穴居状态，这会导致肉类销量增加三倍。虽然晚夏时节，气温也会出现类似的上升，但这时烧烤不再那么受欢迎，肉类的销量也就不会增加。由此看来，超市既需要有季节性数据也需要有天气数据才能作出合理的预测。

　　过去的数据反映出有好些因素都可以影响未来，季节性影响只是其中之一。当几个像季节性影响这样的"变量"同时出现时，预测便会失灵。很典型的就是如果输入集相互作用，可能会导致数学意义上的系统混沌状态，这样系统就无法在未来几天内作出合理的预测。整个天气系统里有很多复杂的因素，它们相互影响，最初极其细微的差别都可能导致后来巨大的差异。

　　因此，无论数据多么充分、多么精准，预测长时间的天气预报很难准确，很不现实。倘若以后你在六月的报纸头条看到有关"北极冬天"的预报，你可以断定这种预报毫无科学依据。要预测某地未来十多天的天气情况，了解当地一年中同段时间天气状况的常态比任何数据都强。如果上面提到的这些情况还没复杂到难以应对的话，我们可以提一提"黑天鹅"。

　　"黑天鹅"这个词语因美国作家纳西姆·尼古拉斯·塔勒布（Nassim Nicholas Taleb）的著作《黑天鹅》为大家熟悉。事实上，"黑天鹅"的历史久远得多。早在1570年，"黑天鹅"就是稀有事物的代名词，当时一个叫德兰特（Drant）的人写道"船长科尼利厄斯（Captaine Cornelius）是这一代人中的黑天鹅"。从统计学意义上讲，"黑天鹅"指的是基于不完整的数据而作出预测——在现实中几乎总是如此——不完整的数据往往很可能带来突然的、意想不到的、一反常态的情况。统计学之所以这样解读黑天鹅其实与一个真实的故事有关。曾经欧洲人在研究了澳大利亚的物群之后作出了"所有天鹅都是白色"的预测，这个预测似乎站得住脚，但是某一天有人看到了一只澳大利亚黑天鹅，整个理论顷刻崩塌。

从"黑天鹅"可以看出演绎和归纳这两种逻辑技巧的差异。多亏了夏洛克·福尔摩斯，我们才把演绎法当作科学方法的核心——预测是其中的一部分。我们收集线索，推测出发生过的一切。但是有一点很重要，演绎的过程需建立在一组完整数据的基础上。假设一下，毋庸置疑我们认定所有的香蕉都是黄色的，但给我们一个紫色水果，我们便会推断这个水果不是香蕉。其实，在现实生活中最佳回答是：自己遇到过的所有成熟的香蕉都是黄色的。因为数据不完整，所以这样回答最不容易出纰漏。但是，通常情况是如果我们不能使用演绎法，便会转而求助于归纳法，认为我们看到的紫色水果很可能不是香蕉。科学和预测的工作原理是基于所有能获得的证据作出最佳预测，不去演绎事实。

在现实世界中，人们很难拥有完整的数据；人们很容易看不清"黑天鹅"而遭受损失。例如，股市通常会随着时间的推移而上涨——直到泡沫破裂、股市崩盘。一度规模庞大的柯达公司曾经可以很好地预测每年胶片的销售情况。归纳的思考方式让柯达坚信，就算在一个科学日益发展、技术应用日益广泛的时代，胶片销量虽会有起伏，但增加的总体趋势是不会变的。不久"黑天鹅"——数码相机出现了。柯达其实是第一家研发出数码相机的公司，但没有继续开发这项技术，而是把它封存压制起来。"黑天鹅"来势汹汹、势不可挡，柯达公司难逃厄运，于2012年宣布保护性破产。尽管瘦身后的柯达仍然存在，但它已很难重获昔日的主导地位了。

大数据的目标是通过收集尽可能多的数据将预测失败的风险降到最小。正如我们所见，它可以让掌控大数据的人实现以前不可能实现的壮举。但我们仍需牢记天气预报的教训。气象预报是第一个大数据进入的领域。英国气象局是英国超级计算机的最大用户，它每天处理大量数据，生成一批预测集合，这些预测汇集在一起生成关于某地最可能出现的天气预报。虽然这样得到的天气预报比过去的要准确很多，但是依然不可全信，超过十天的天气预报更是不可信。

就算如此，我们也不应该低估大数据的能力，因为大数据可以避免很多危险，比如：通过一小部分数据来呈现大数据的结果就非常危险，或者说抽样的预测方法非常危险。我们已经发现，二十一世纪政治投票结果出错充分说明了抽样的局限性。

抽样、投票和使用数据

因处理大数据需要耗费大量的时间和精力，曾经有一段时间大数据只能在少数场合使用。人口普查或大选可以要求每个人都提供数据，但手动处理数据是不可能的。因此，取而代之的是抽样的普及，从全民中挑选出一个子集，从这个子集里获得数据，再将结果外推到全民。

让我们以英国的公共贷款（PLR）支付为例，来看看抽样的方式是如何运作的。公共贷款会根据图书馆的借阅量来支付作者报酬。由于全国各地的图书馆还没有建立起统一的借阅系统，所以公共贷款会从 36 家权威机构抽取样本，覆盖全国四分之一的图书馆，然后将这些数据集合起来以反映全国各地的借阅情况。显然，有些数字是不准确的。最近的权威调查发现，一本描写斯温登的书在斯温登的借书量会比汉普郡大得多。此外，还有很多其他原因也导致图书馆抽样数据并不能准确说明某本书的借阅情况。当然，抽样总比什么都不做凭空得出结论要好，但是抽样无法与大数据相比，因为大数据的数据来源是全国每一个图书馆。

抽样不仅仅用于投票和生成统计数据，它还应用在其他领域，例如，医学研究。在过去，医学研究对象不可能是所有人，针对所有人的研究在不久之前还是空想。因此，研究者通常会采用一个具有代表性（希望其具有代表性）的样本开展研究，看某种治疗方法是否有效或某种饮食是否对样本有影响。这种研究有两个问题：一是很难将某种特定的治疗方法产生的影响区分出来；二是很难找到具有代表性的样本。

问问自己吧，你可以成为代表全民的样本吗？在某些方面你可能可以。例如，你有两条腿和两条胳膊，大多数人都有……但是并不是每个人都有两条腿和两条胳膊。如果以你为样本，你可能代表了大多数人，但如果以你为样本假设其他所有人都和你一样，这会对那些和你不一样的人不公平。

如果把你的头发颜色、体重、性别、种族、工作、社会经济群体和居住地区等其他因素都考虑进去，你就更不具备代表性了。因此，挑选好的样本需要聚集足够数量的人，还要注意比例分布，以应对那些对研究或投票结果产生影响的变量。

这就是麻烦所在。假使你意识到哪些是影响研究或投票结果的重要因素，就能采用相应的机制来确定正确的样本规模，使数据具有代表性。然而，很多医学研究没有条件做到样本全覆盖，因此常常出现矛盾的研究结果，例如，红酒对人体健康有益还是有害就结论不一。许多民意调查和投票无论在数据规模还是在代表性方面都存在不足，为了应对这个问题，民意测验专家试图人为修正样本结果和期待结果之间的差异，这就导致投票结果所显示的数字不再是实际值，而是对实际值的猜测修正。举个例子，以下是 2016 年 12 月英国民调机构舆观调查网对 1 667 名英国成年人投票意向的调查结果：

	投票意向			
	保守党	工党	自由民主党	英国独立党
加 权	457	290	116	135
未加权	492	304	135	146

表格底部的"未加权"值是实际参与调查的样本数量，而上方的"加权"值是公布的数据，这两组数据之间存在差异是因为有人认为调整后的数据更能接近全民投票的结果。毋庸置疑，这样的加权很大程度上来自猜测。

这样做的后果便是这项自 2010 年以来就存在的政治民意调查结果极不准确，民众对民意调查的信任度降到最低，当然，这个例子也说明民意调查者对代表性样本进行加权困难重重。在过去，只要部分经济界人士和政界人士参与抽样就足够了，但如今不一样，在全球化和不平等主义等现象的影响下，样本发生了变化。调查机构几乎都设在"都市精英"地区，调查结果只能反映出"都市精英"这一阶层的偏好，在过去这都无所谓，而如今这样做就行不通了。除此之外，社交媒体也发挥了前所未有的影响力，如今的社交网络突破了传统的面对面形式，民意调查者一旦预测不准便会陷入名声大跌的窘境。

因花费不高，加之操作并不烦琐，抽样的方法还会在很多场合被使用，如果看抽样结果的人能够有更多机会深入了解抽样猜测和加权是如何开展的，将有助于加深其对抽样的信任。大数据却不一样，它从庞大的群体中获取输入数据，能避免抽样的缺陷，比抽样更可靠。在过去，从庞大的群体中获得数据是非常耗时耗力的事情，选民不愿意多次折腾，就算选民愿意，大选的复杂程序也会增加难度，仅是准备和收集数据都需要耗费好几周的时间。但是，有了现代大数据系统，收集大数量的数据变得相对容易，越来越多的组织开始使用这些设备。

人类使用现代的大数据系统代替劳力，最初是从那些毫不费人力就可以收集到的数据开始的。曾几何时，这样的观测数据对于统计学家这样的专业人士来说是很难获取的。后来，互联网出现了。人们会有目的地去访问某一个网站，比如，利用搜索引擎查找信息或利用购物网站网上购物，这时网站的所有者可以获取很多数据信息，这些数据信息的数量之大远远超出我们的想象。人们搜索的内容、浏览的方式等信息都被网站所有者获取。有时网站还会吸引人们建立账户，或者使用一种叫 cookie 的文本文件在避免客户重复输入的同时储存用户信息，所有这些都足以建构一个信息网络。客户使用数据给自己带来了便利，但同时也给网站提供了强大的数据来源。

似乎只要大型搜索引擎所有者愿意，他们可以收集各种信息预测我们的投票意图。与上文描述的基于知识的系统不同，大型引擎这样的大数据应用程序更加智能，不需要有人告诉系统规则是什么，不需要有人弄清楚是什么影响了投票结果，也不需要有人去计算权重，系统会自动完成各种操作，并一次次不断改进，准确预测民众的意图，比任何抽样调查的预测都准确。

虽然大数据的能力惊人，但是我们必须意识到 GIGO 所带来的风险。

无端存在的 GIGO

信息技术刚刚起步的时候，GIGO 是一个很流行的缩写词，英文原文是"Garbage-In-Garbage-Out"，意思是"无用输入，无用输出"。道理很简单：不管你的系统有多好，如果你给它的数据是垃圾，输出的也会是垃圾。大数据存在一个潜在危险——数据不够大。再回到选民投票预测的例子。搜索引擎的确能掌握选民信息，但仅限于使用了搜索引擎的那部分选民，而没被搜索引擎捕捉到信息的那部分选民很可能会颠覆预测的结果。

看看一些出错的大数据系统，我们不难发现，如果没有一种机制来检测垃圾，没有一种修正系统来避免垃圾，GIGO 的存在就意味着一个系统永远存在错误，这个系统不再尝试着模拟人类智慧，而开始在自己的世界中自由发挥。在第六章我们会讲到，事实证明：如果一个衡量教师教学效果的系统只是基于学生是否达到了学业进步的期望值而设计，却不考虑到如何处理非典型突发状况的话，这个大数据系统是无效的。

预测型大数据系统的构建者很容易陷入哈里·塞尔登（Hari Seldon）情结。塞尔登是艾萨克·阿西莫夫（Isaac Asimov）所写的经典科幻小说《基地》（*Foundation*）中的主角。在这个系列故事中，哈里·塞尔登召集了一批数学专家构建了一个基地，在银河帝国注定崩溃之时，这些基地人利用心理历史学的"科学理论"建构银河帝国的未来，目的是保存文明之火，避免文明再一次遭受银河帝国曾经遭受的苦难。小说成就了一部伟大的戏剧，却没有成就心理历史学的辉煌。

不管有多少数据，我们都无法预测一个国家的未来。国家的未来和天气一样，本身在数学意义上就是混沌系统。系统的各个组成部分之间有太多的相互作用，无法在一个较短的时间范围内进行良好的预测。每个人都可以是一只黑天鹅，提供一个非常复杂的系统。大数据系统的创造者们需要注意，不要像哈里·塞尔登那样，错误地认为自己的技术可以精准地预测人类的未来——因为这注定失败。

还需记住一点，数据不一定是事实的集合，数据带有任意性。以列车时刻表为例。列车按照特定路线到达车站的时间构成了一个数据集合，同样，列车在规定时间到达的频率也构成了一个数据集合，但这些时间及其含义不能够形成如火车颜色一般铁定的事实。曾经有两年，我每周坐两次火车从斯温登到布里斯托尔，火车8点01分离开斯温登，8点45分到达布里斯托尔。后来，大西部铁路公司把火车从斯温登出发的时间改为8点02分，而其他一切都没有改变。

这列火车是由伦敦开往布里斯托尔的，途经斯温登，起点出发和终点到达的时间都很准确。然而，铁路公司发现虽然这列火车到达布里斯托尔很准时，但在斯温登却经常晚点。因此，公司作出调整，从斯温登出发的时间从8点01分改为8点02分，虽然火车本身没有任何变化，但这却让火车在斯温登的准时到达率大大提高了，因此性能数据更加准确了。这个例子说明数据和事实之间关系并不紧密。

在科学领域，数据通常不用特定值的形式表示，而是以"误差线"所呈现的范围表示。我们不会说一个值是1，而会说"1±0.05中达到99%置信度的值"，这说明我们期望找到0.95到1.05置信水平达到99%的值，但是我们不知道这个确切的值是多少。这样一来，数据常常会出现不够精确的情况，但我们很难发现，因此可能会错误地解读数据。

不断移动的画面

如果我们用好了大数据，不仅有助于避免抽样方法的缺陷——不准确性，还能拓宽可用数据的范畴，将其从过去的数据拓展到现在的数据，并能对不久后的将来数据作出最好的把握。这是因为大数据与传统的统计分析方法不同，它可以不断更新，以应对变化的趋势。

我们知道，预测者在预测时会了解并考虑一些较简单的影响因素，比如季节性因素，对于一些复杂的变化和影响却很难考虑周全，但是大数据却能做到。大数据引入更多的大量的数据，可以权衡是否适于作出短期预测。例如，销售量的预测过去多年来一直受到季节和主要节假日的影响，但是大数据的方法可以让我们了解除了这些常规影响之外当天的天气是否也会产生影响，并且大数据的方法不但适用于预测销量受天气影响较大的产品，如防晒霜或雨伞，而且同样适用于其他销量受天气影响看起来并不大的产品，如香肠或贺卡。只要出现影响，我们都可以在预测上作出反应，确保能最大限度地满足顾客需求。

大数据可以更好地关注季节影响，同样也可以更好地关注区域影响。过去的零售商可能只知道哪些地区的人对豆沙和鳗鱼冻感兴趣，但有了大数据，每一个销售渠道都可以微调销售以迎合区域性喜好。

先行者

如果要寻找使用大数据的先行者，我们会感到惊讶，因为很多人率先使用了大数据，但我们却闻所未闻，其中就包括火车爱好者和日记记录者。

在技术落后的年代，这些人就已经开始使用了大数据的方法。记得我年少的时候对火车十分着迷，曾收藏过一本书，书中没有采用列举样本的方式，而是完整记录了英国所有火车的信息。我记得自己当时多么希望能够在课堂上将每一种火车都展示给老师和同学，如果不能做到一一展示，也希望至少展示某些类别。刚开始我给火车标记数字进行挑选，渐渐地学会了记录数据，尽量记录下火车的每一条运行轨迹。时间、速度和其他的数据都列入统计内容当中。

火车爱好者收集数字信息是一种数据统计这好理解，但是日记记录者如何使用大数据我们就不太好理解了。我认为日记记录者算是原始大数据的收集者，因为他们能把那些常被忽略的细节记录下来。像塞缪尔·佩皮斯（Samuel Pepys）或托尼·本（Tony Benn）这样的日记作家与那些偶尔在柯林斯袖珍日记本里记几句的人是不一样的。日记作家们捕捉记录生活细节，而看似平凡的生活细节对在某个特定时期想要重塑生活的人而言具有非常重大的意义。

只要有组织，即便规模很微小的记录数据行为，例如写日记，也可以转变为大数据行为。1937—1949年，英国有一个名为"大众观察"的组织就做到了这一点。"大众观察"在全国范围内召集了一批作家撰写日记、回答问题并填写调查问卷。与此同时，"大众观察"还聘请了一批调查人员记录公众活动和对话，先从英国城市博尔顿开始，然后推广到全国。这项活动最终形成了3 000多份报告，报告还针对收集的大数据进行了高水平的分析和总结。这项活动的所有的数据现在全部对公众开放，这就是一个非常宝贵的资源库。第二个类似的活动始于1981年，规模较之前那次要小，由大约450名志愿者组成小组将信息输入数据库。

无论是火车爱好者还是日记记录者，特别是"大众观察"，虽然他们都是大数据的先行者，但他们都不可避免地受到技术匮乏的限制。我记录火车数据使用的最好装备也只是一本斐来仕活页式笔记本。假如这些数据可以和许多其他来源的数据一起被整合纳入一个系统中，那么就可以实现从信息收集过渡到信息分析的关键一步，这关键一步体现了大数据的价值，正是这关键一步决定了"大众观察"的数据在今天依旧有用。值得一提的是，这种朝大数据迈进的第一步尝试曾经受到一位极其古板的十九世纪数学家的反对。

使用机械计算——从巴贝奇和霍利里思到人工智能

现在，只要提到查尔斯·巴贝奇（Charles Babbage）这个名字，人们就会联想到计算机，虽然巴贝奇在世时自己的技术并没有得到推广应用，他发明的机械计算机也只是在概念上与随后出现的真正的计算机有联系，但是毋庸置疑，巴贝奇的贡献在于推动了人类向大数据迈步，促进其成为现实。

故事从巴贝奇为自己的老朋友约翰·赫舍尔（John Herschel）提供帮助说起。约翰·赫舍尔也就是出生于德国的天文学家、音乐家威廉·赫舍尔（William Herschel）的儿子。1821年的夏天，约翰·赫舍尔让巴贝奇帮忙校对一本即将出版的书，书中有许多天文数表，一排又一排的数字需要仔细核对——这项工作乏味至极。面对这些密密麻麻的表格，巴贝奇费力地检查每一个值，突然他喊了出来："上帝啊！赫舍尔，我多么希望这些计算可以使用机器来完成！"

最终巴贝奇并没能用他的机械计算机实现这一目标（尽管他花费了英国政府大量的资金），但他和美国人赫尔曼·霍利里思（Herman Hollerith）碰巧理念一致（他们不太可能交流过）。霍利里思通过机械化原理处理数据，力挽狂澜，挽救了濒临危机的美国人口普查工作。巴贝奇和霍利里思应该都受到了雅卡尔织布机的启发。

雅卡尔织布机是维多利亚时代的发明，它能让丝绸织物的图案预先编程在一套卡片上，每一张卡片上都打了孔，以表明所使用的颜色。巴贝奇曾想在他的通用计算机器上使用这样的卡片，但机器没能完成他给出的复杂任务，尝试以失败告终。霍利里思回到最初一步，从信息处理器（巴贝奇称之为"工厂"）——雅卡尔织布机设计最巧妙之处入手，并加以改进。霍利里思有了很多新发现，例如如果将人口普查的每一行信息都打在卡片上，机电设备会对这些卡片进行分类和整理，并回复各种查询，这就有了大数据的雏形。

这些机电设备被称为打孔卡片制表机，常用于计算不同的年龄、性别、种族等各有多少人。卡片穿过制表机（最初是手动的，后来是自动的）时，制表机内部有很多金属针浸入水银形成一个电路，每一次电脉冲都使一个钟形的表盘向前移动，按照制表机的指示，操作员将卡片放入排序表中的一个特定抽屉中，之后制表机便会自动重复上述流程。霍利里思的打孔卡片制表机是由他亲自创办的"制表机公司"生产的，该公司后来发展壮大为"国际商业机器公司"，也就是后来的信息技术巨头 IBM。

机械设备处理数据也存在问题，速度不快必然会有局限，也许适用于十年一次的人口普查数据统计，但无法提供灵活的分析和操作。在过去二十年里，我们向网络化、超高速技术转变的速度太快，过快的发展使真正的大数据操作成为可能，但同时过快的发展也是大数据曾经一度被低估的一个原因。

二十世纪七十年代，我正在读大学，当时输入数据主要依靠穿孔卡片，使用卡片将程序和数据输入电子计算机。"霍利里思字符串"（Hollerith string）指卡片上的一行信息，即使是霍利里思制表机发明多年之后，这个术语还很常用。二十多年后的 1995 年，我参加了 Windows 95 在伦敦的发布会。在活动问答环节，我问了微软公司对互联网的看法，微软的回答是互联网会是有用的学术工具，但预计不会产生任何重大的商业影响。

1995 年，虽然作为大数据必备设备的个人计算机没有后来的智能手机便携，但在当时已经非常普及。然而，即便是微软这样的行业巨头也没能足够重视互联网连接的第二个影响——电子商务。虽然电子商务的影响被低估，但是第三个也是最后一个互联网大数据之谜——算法却已经在那个年代受到诸多关注。

走近宏大的人工智能

只要愿意，任何人都可以借助强大的网络力量收集任何想要的数据，但是这又有什么用呢？人类一次只能处理相对较少的数据，如果数据太多，则无法应付。为了能够更好地处理数据，我们需要计算机程序的帮助，特别是算法的帮助。

　　尽管《牛津英语词典》坚持认为算法的英语单词"algorithm"一词来源于古希腊语，意为"数字"（它看起来很像算术的英语单词"arithmetic"），但还有很多解释认为，"算法"和大多数带有"al"的单词一样，源自阿拉伯语，应该和阿尔·花剌子密"al-Khwarizmi"这个人名有关，此人曾写过数学研究方面的文章，后来在中世纪颇具影响力。"algorithm"这个词的起源究竟是什么虽不确定，但它的意义是确定的，指的是一套程序和规则，这套程序和规则使我们能够获取数据并对数据进行处理，并且同一套程序和规则适用于不同的数据集。

　　这听起来很像计算机程序的定义，虽然很多计算机程序都应用了算法，但是计算机不一定需要运用算法，计算机程序也不一定需要包含算法。关于简单算法的一个典型例子就是生成斐波那契数列的算法，斐波那契数列中数字的排序如下：

　　1，1，2，3，5，8，13，21，34，55，89，144……

　　这个数列无限长，但生成它的算法非常短，类似于"在两个1之后，重复地将数列的最后一个数字与前一个数字相加，生成下一个值"。

　　大数据中所涉及的算法可能要复杂得多，但是无论多复杂，算法的本质都和斐波那契数列的算法一样，由允许系统分析或生成数据的一套规则和程序组成。来看看另一个简单的算法："从一串数字中提取奇数。"如果我们把这个算法应用到斐波那契数列上，我们就得到了：

1，1，3，5，13，21，55，89……

这些数据本身并没有任何价值和意义，但下面的情况却让数据有了价值和意义。倘若我们使用的原始数据和纳税人有关，我们不再像前面这个例子一样要求算法提取基数，而是要求算法提取"年收入超过 10 万英镑的人员"数据，那么我们就已经在构建"识别高收入偷税者的算法"上迈出了第一步。我并不是说年收入超 10 万英镑就一定会去偷税，我只是说如果一个人年收入只有 1.2 万英镑，他是不可能成为高收入偷税者的。如果我们不假思索地将每一位被"提取年收入超过 10 万英镑收入者"这个算法选中的人都贴上"偷税人"的标签，那我们就是在滥用大数据。算法是中立的，它并不关心数据意味着什么，它只按我们的旨意行事。但是，作为大数据的操纵者，我们必须小心地作出假设，清楚明白地知道算法在做什么，并确保能对算法的结果作出合理解释。

一旦大数据有了应对种种状况的强有力的技术保障，便会发挥其巨大影响。大数据首先影响的领域之一就是我们大多数人既爱又恨的活动：购物。

3

血拼到底

▶▶▶

早上好，史密斯女士

　　我曾经在一个村子里住了 15 年，这个村只有一家邮局和一家商店。我去了几次邮局，很快和服务人员熟络起来。有一次，我去邮局寄包裹，邮局工作人员朝我打招呼："欢迎光临！上次您来的时候，我多收了钱，现在补给您。"还有一次，我去商店里买咖喱粉，店里没货，柜台后的店员洛娜叫住我："您等一下！"她走进厨房，拿了些大蒜和新鲜辣椒出来递给我，说："用大蒜和辣椒吧，这比咖喱好吃多了。"

　　还有一件事我也印象深刻。我曾经酷爱摄影，常常光顾当地的一家相机店，这家相机店的店员也认识我，知道我是熟客。当时我存了一笔钱，想换台数码照相机，便请店员推荐店里有的一款 400 英镑左右价位的。虽然店员和我很熟，但他的回答还是着实让我吃了一惊，他说："我不会卖给你那个价位的相机。"我正准备问他为什么，他说："有一款相机很适合你，大厂好货，刚刚降价了，从 650 英镑降到了 400 英镑，但是目前暂时没货。过几天您再来，我卖给您这款更好的，也只需要 400 英镑。我真的不推荐你今天下单。"

　　看看这个店员做了什么，他竟然放弃了眼皮底下的一笔交易！乍一看，这完全是一种不可理喻的做法——大多数连锁商店的销售员绝对不会这么做，因为他们每天面临冲销量的压力。相机店的店员基于对我和市场的了解，权衡了眼前订单和长期订单的轻重。他没有急着让我当天购买相机，而是推荐我几天后再购买一台更好的，这一举动让我印象深刻。后来，我真的回到那家相机店购买了店员推荐的那一款相机，还同时买了其他很多东西，对了，我还亲口把这个故事讲给了很多准备在这家商店购买东西的其他顾客听。

这个例子说明了解顾客和市场可以为一家小店带来怎样大的效益。然而，在大数据出现之前，大型连锁店是不可能做到如此了解顾客和市场的。

升级

大数据有望给成千上万的顾客提供个性化服务，这种个性化服务类似于上文提到的那家乡村商店所提供的服务。我们也知道，大数据的方法也并非哪里都行得通，有时行不通是因为无用输入和无用输出，有时行不通是因为实施不力——毕竟良好的客户服务需要花费成本，还有时行不通是因为很少有传统零售商能像亚马逊等新一代零售商那样，以数据为基础开展业务。但无论如何，机会一直在那里。

　　用于管理客户关系的系统最初被称为"CRM"，因为"客户关系管理"的英文是"customer relationship management"。如今这个系统被公认为商务领域不可或缺的重要部分。

　　有效的数据驱动型客户服务也会面临挑战，这些挑战主要和两类不同群体有关：一类是商店或银行，还有一类是你——顾客。商家希望通过数据尽可能多地了解你、留住你，最大限度地从你身上赚取利润，而你却希望数据有助于商家为自己提供更好的服务和回馈。如果满足好了买卖双方需求，大数据可以带来双赢。为了迎合买卖双方的需求，某些新兴事物诞生了，最早出现的便是会员卡。

会员卡

　　我的钱包里大约有二十张会员卡，包括一些做工粗糙的热饮店会员卡。每次买热饮时店家都会在卡片上盖个戳，卡片集满戳，就会得到一杯免费饮品。这看起来是一种双赢的做法，我很有可能再次光顾这家店，这样店家就会得到更多的生意，而我也会时不时地得到一杯免费咖啡。然而，这种方式却浪费了利用大数据的好机会，这就是为什么几十年前超市和加油站不再使用类似于热饮卡这样的东西转而选择发放绿盾票（Green Shield Stamps）的原因了。绿盾票会记录数据，从理论上而言，这样可以让商家更了解顾客的所需所求，从而提供更有针对性的服务，就如同我前文提到的乡村小店一样。

自从有了花蜜卡、乐购会员卡等会员卡，我就不再需要将所有数据都存在钱包里的集戳卡了。现在每次购物时，我都会刷会员卡。从我的角度来看，会员卡和热饮卡一样，可以让我积累积分，还可以用积分消费；从商店的角度来看，会员卡可以记录我的消费行为，商店的数据专家可以了解我的购物时间、购物场所、购物偏好等，然后利用这些数据来计划库存，并为我提供个性化的商品和服务。比如，商家可以在我可能喜欢的新产品上市时，第一时间告知我。会员卡系统其实模拟了热心的乡村小店店员，能对我加以了解，并让我感受到来自商家的关爱，商家还会额外给我一些赠品，让作为顾客的我感到非常划算。但是，这一切都依赖于大数据，如果没有大数据，系统就无法有效运行。

会员卡和客户姓名挂钩，解决了现金不能署名的问题。但是，这种卡片可能正在慢慢退出历史舞台，事实也的确是这样，这是因为我们使用现金和支票等传统支付方式的次数越来越少，会员卡自然也会使用得越来越少。借记卡或信用卡也具有会员卡记录数据的功能，我们使用借记卡或信用卡支付的同时，商家便记录了顾客的大数据，两者同时进行，更为便捷。借记卡或信用卡在过去二十年里应用得越来越广泛。

不只是 Mondex 智能卡

二十世纪九十年代中期，我第一次到斯温登就是为了了解一项革命性试验的成果，这项试验的对象是一种名为 Mondex 的电子智能卡。斯温登的大多数商店都为 Mondex 智能卡配备了读卡器。这张卡可以在固定充值点使用现金充值，也可以在家里通过拨打专属号码充值，开启了人类对无现金社会的探索。也许是因为这项试验时间很短，才几个月就结束了，也许是因为 Mondex 智能卡并没有大受欢迎，所以当我主动要求使用 Mondex 智能卡的时候，很多商店老板感到颇为惊讶。即便如此，Mondex 智能卡一定有其受欢迎的一面。

有了 Mondex 智能卡，人们无须带上满满一口袋的现金出门，只需待在家里往卡上充值便可，免去了过去出门找自动取款机的麻烦。但是事实最终证明，智能卡很难模拟金钱的物理本质。过去我们常常随身携带现金，如今我们用一张卡携带虚拟货币，表面上方便了不少，事实上却增加了不必要存在的麻烦。在一个日益庞大的数据世界里，Mondex 智能卡充其量算是一个小数据解决方案——它对我一无所知，和我之间也不存在任何互动。

新一代的无现金支付不再走智能卡钱包的老路，而是开始直接使用大数据。"点击支付"卡片系统不再需要加载一张智能卡——这种智能卡比伦敦过时的牡蛎卡还麻烦，任何在线支付必须在指定站点验证。而这种新式的无接触卡片系统，会直接自动识别链接到银行的大数据系统中心，便捷得多。从安全的角度来看，苹果支付之类的手机电子支付系统更有优势。这类系统不仅便利，还很安全，因为它们应用指纹识别技术增加了支付的安全性。

但是可以说，这类新一代的无现金支付也是过渡性的，未来也会被更先进的支付手段取代。银行需要层层安全措施来防止信用卡欺诈行为，而这些安全措施是由大数据驱动的。你可能和我一样，也收到过来自信用卡运营商的自动电话，询问你是否有过某几笔交易，因为这些交易看起来不太正常。但事实上可能发生在我身上的消费异常仅仅是由于我个人情况发生了变化导致的，例如，我女儿开始上大学了，我们不得不添置各种家庭用品，支出就显得异常。但在某些情况下，这些系统的确可以防止信用卡欺诈行为。信用卡欺诈的存在说明了要使人和卡分离是很容易的事，倘若我们不再使用信用卡或手机支付，欺诈应该会减少很多。

使用信用卡或手机是为了将个人和银行账户相关联。信用卡通过个人识别码（PIN）（非接触式支付甚至连个人识别码也不需要）将二者关联，手机则依赖于手机的指纹识别系统将二者关联。难以想象，支付系统最终连指纹或面部识别等生物识别技术都不需要了会是什么样的。坦白地说，生物识别技术有可能存在漏洞，比如一些恐怖小说偶尔会描述通过复制或移除人体某个部位或器官来骗过生物识别技术的情节，这并不是不可能的，但是，先进的生物识别技术可以让大数据复制出亲切的乡村小店店主，对你的一切了如指掌。

伦敦较早出现的电子钱包——牡蛎卡，现在看来已经风光不再。牡蛎卡总是存在这样或那样的缺陷，不如 Mondex 智能卡方便，不能在家里自己充值，如果选择在线支付，必须提前至少 24 小时说明你将用哪个站点把"现金"存入卡中。伦敦交通部门开始接受使用智能手机、非接触式信用卡和借记卡支付，这无疑宣告了牡蛎卡将退出历史舞台的中心。当然，像牡蛎卡这样的电子钱包不会消失得毫无踪迹，它们依然会拥有一小部分市场，比如儿童市场。但是，对于大多数人来说，它们可以被淘汰了，因为如今人们可以什么都不带，仅凭一张卡片或一部手机便能在伦敦美美地逛上一晚，这是牡蛎卡这样的电子钱包做不到的。现在，让我们带着智能手机踏上这段旅程，看看大数据是如何运作的。

夜游伦敦

我随手拿起手机约了一辆优步出租车，与此同时，我的行程细节、司机的身份以及我们各自的信用评分都已被添加到优步软件中。优步关联了我的银行账户，获取资金，并提供付款信息和交易的大致位置。

　　我的一个朋友比其他朋友下班早，我打算先见见这位朋友。我到达他办公室附近时，手机提示我拐角处有一家星巴克，于是我给朋友发了个短信，让他在那里等我。在去星巴克之前，我已经通过应用程序在手机上下单并付款，所以一到达咖啡店我便可以拿走吧台上等候着的脱脂拿铁咖啡。我的整个交易是独立完成的，星巴克公司知道我什么时候到达哪家分店，我点了什么单（并奖励我一个电子会员星），但是银行并不会知道我光顾了星巴克，一般只有我需要为星巴克会员账户充值时，才会与银行账户进行交互。（星巴克卡体现了一种有趣的妥协和交换。虽然它和牡蛎卡一样需要提前充值，有不方便之处，但充值流程却很简单，我只需在手机上轻击几下，再用指纹识别就可以完成充值，对了，星巴克卡让我能够获得会员积星的物质回馈，就算有些不方便我也认了。）

　　这时朋友到了，我们一起品尝咖啡。这时该看看其他朋友都到哪里了。我们事先约定在一家餐厅见面，但有几个朋友担心自己可能加班会迟到，所以我们已提前把彼此添加到了一款名为"查找我的朋友"的应用程序中。我打开这款应用程序，看到一位朋友已经到达餐厅，一位还有5分钟的路程，另一位仍在加班。我们该出发了。其实我并不完全清楚使用一次这款应用程序，其服务供应商究竟获取了多少个人信息，从理论上而言，一旦我和朋友们激活这款应用程序，它便可以追踪定位我们的位置了。

我在谷歌地图上查找最近的地铁站，为了方便起见，我关联了谷歌账户，从理论上而言，我的运动数据可以被谷歌存储。在地铁站里，我敲击手机进入检票口，这是当晚最复杂的交易了。苹果系统能够知道我在哪里、我在做什么，地铁票的费用支付也由苹果系统负责，它会向我的银行发送付款请求，然后银行会给我发一条短信提醒，确认我在这个过程中使用了苹果支付系统，最后支付的款项从银行转到伦敦的苹果公司。三个独立运作的庞大系统获知了更多的个人信息，了解到我和我的所作所为。

终于，我到达了约定的餐厅，在餐厅里，我可以点击手机，通过 PayPal 或苹果支付买单，这有可能再一次让餐厅、银行、苹果公司了解到我和我的所作所为。

上述一切都是当今科技带来的改变。一方面，我度过了一个轻松愉快的夜晚，不需要携带现金，不需要考虑安全问题，科学技术保障了支付的安全性，总之，大数据使我的生活变得更加便捷；另一方面，相关商家了解到了更多我的个人身份信息，也了解到了更多关于我的喜好和活动轨迹的信息。

对我而言，这一晚我通过使用大数据组件获益颇多，相关商家在了解我之后，还可以有针对性地根据我的购买偏好或购买活动向我提供折扣。对商家而言获益更多，可以获得顾客数据，更好地了解顾客，更频繁地向顾客推销，刺激顾客消费。当然，有人可能会担心数据被商家滥用的问题，也有人可能会说："我没什么可以隐瞒，知道又何妨？"但是想一想，如果你总是被某些公司监控，而且这些公司并不在乎你的利益，这是不是很可怕呢？我们可能会发现大数据中藏着偷窥隐私者。但是，即便这样我还是会使用这些大数据技术，因为我知道它们会让生活变得更轻松。

在这一节中，我举例描述了夜游伦敦一晚的种种消费体验和经历，其实类似的经历每天都在我们身边发生，大数据的使用越来越频繁。如果你是一个对去实体店购物没什么兴趣的人，大数据正是你的上佳之选，它的确能帮你省去不少出门之苦。

比较购物和亚马逊扫描

现代购物体验很大一部分是由数据驱动的，例如：大数据可以告诉你什么产品可以购买、什么产品最适合你、哪里可以找到最优惠的价格等信息。商业街并不是获得这些数据的最佳地点，因为逛街时你看到的每家商店在尽量管控着自己的数据不外泄，而大数据及其强大的连通力量正在打破这种管控。

比较购物就是一个全新的突破。在商店里，一旦顾客确定了购买目标，便会想要得到最优惠的价格，可能会试着砍价。令人难以置信的是，在很多商店里，哪怕在大型连锁店里，若顾客有机会和经理交谈，常常都可以砍价成功。要是能派人去商家的竞争对手那里转转，看看其他店是否出价更便宜，那就太方便了。网络让这个过程简化。商家为了便于商品在网络上销售，不得不在一定程度上公开商品数据，这就意味着比较购物网站可以收集不同零售商的价格供顾客参考。

　　然而，比较购物网站的建立和运行花费很大。英国第一家类似的网站是一家售卖图书的网站，名叫 BookBrain。还有其他几家比较购物网站也提供类似服务，但规模远不及 BookBrain 大。成功的比较购物网站往往只面向佣金较高的市场，比如保险业和旅游业，因为佣金是一个需要考虑的重要因素。

　　比较购物网站本身不售卖任何东西，为了赚钱，网站必须从其推荐给顾客的零售商那里收取佣金，所以我们一般看到的比较购物网站会只针对某些固定市场。当然，受佣金因素的影响，网站可能会误导顾客去那些支付佣金更多的零售商那里消费，或者网站也可能向顾客提供不完整的零售商信息等。不管这些零售商是否为顾客的最佳选择，但有一点是可以肯定的：不支付佣金的零售商是不可能出现在比较购物网站上的。

　　即便如此，我们得承认比较购物网站集中展现了大数据的强大力量，这对于那些没有时间一一搜索商品的顾客来说的确是一大福音。但是，倘若顾客在没有明确购买目标的情况下浏览网页，不管浏览的购物网站多么好，顾客的体验都好不到哪里去，无法与逛传统商店相比，因为这时虚拟商店所能提供的各种各样、五花八门的库存反而会变成一种劣势，商品太多，只会让顾客眼花缭乱。因此，在购买某些产品时，可能实体店才是最好的选择。当然，即便如此，大数据依然拥有着强大的威力，发挥着强大的作用。

现在，你可能常常在商店里看到有人拿着手机对商品拍照，有的只是因喜欢某件商品而拍照留个纪念，有的却是为了将商品条形码扫描到亚马逊之类的零售应用程序中查看网上的价格是否更低。实体零售商承担了顾客浏览产品所需的所有成本，而网络零售商却获得了这笔交易。在这种情况下，顾客得到了优惠的价格，网络零售商通过大数据获得了订单。现在唯一的问题是，如果顾客利用这种方式将实体店挤出市场，便会让自己失去浏览产品的机会，这可能就是现在亚马逊等网站开始开设实体店的原因吧。

大数据给顾客带来了便利，但相较而言，大数据给商家带来了更多好处、更丰厚的利润。总之，如果大数据使用得当，将会给人类提供超乎想象的无缝体验。

提升中的火车系统

最近我乘坐欧洲之星列车从伦敦到布鲁塞尔，别人帮我订好了票，并将订票信息通过邮件发送给我。电邮里含有一个点击链接，可以打开一个网页，网页里包含着另一个链接。仅仅几秒钟后，我的口袋就发出叮叮的提示音，火车票信息已经出现在我的手机钱包里。我没有输入任何信息，所做的仅仅是点击了两次链接而已——这种无缝效果产生只需要我通过苹果的云服务将电脑的网络浏览器连接到我的手机。

现在我的手机上显示着火车时刻表以及检票口需要扫描的条形码，看起来我的旅途已经安排妥当。但还有一件事令我操心——我还得费时去使用纸质护照（尽管现在护照上有生物识别数据芯片，但还是需要人工操作）。如果没有护照这事儿，一切就完美了。在当今大数据的时代，纸质护照似乎很快会被淘汰。别人可以轻松地通过电子邮件向我发送订票的详细信息，而我只需在手机上点击两下便能获得别人帮忙预订的票，在这个过程中，大数据已然表现不俗。可以说，大数据使欧洲之星受益，也让我获益良多。当然，并非所有销售和营销中的大数据运作都会让人感觉到各方受益，可能有些运作的受益人只会是某一方。

智能购物助手和自动程序购买者

有的应用程序不能通过大数据帮助顾客购买商品或服务，但这些应用程序可以把大数据作为服务对象，创造出一个自给自足的市场。这样的例子有很多，让我们来看两个：亚马逊购物助手软件和股票市场的自动识别系统。

在亚马逊网站上，顾客可以从"其他销售商"那里买到许多产品，亚马逊网站实际上扮演了市场的角色，收取一部分销售利润，同时作为交换条件，网站要促成交易完成——但商品的销售价格是由卖家决定的。这种情况下，卖家往往很想做两件事：如果没人降价，就把价格调高；如果定价不是最低的，就把价格调低。

大卖家通常有很多的产品需要售卖，仅凭人工来处理所有的产品数据几乎是不可能的。如果采用亚马逊购物助手——一种定期调整价格的算法，从理论上讲，可以让卖方处于最有利的一面。但是，一旦算法规则没有得到合理的限制，或者购物助手软件检查定价的频率过高，大数据可能会失控。过度的调整会导致太多的产品以一便士的价格上市，哪怕这些商品并不能以如此低价出售，大数据也会这么操作。

同样地，如果没有干预机制的话，购物助手可能会让某些产品的价格飙升，一本廉价二手书的售价竟高至数百英镑。这里提到的二手书不是指某些经典书籍的首版，而是类似于 1993 年纽恩斯出版社发行的《微软磁盘操作系统 6.0 袖珍书》这样的书。刚好我手里有一本《微软磁盘操作系统 6.0 袖珍书》要出售，于是去亚马逊第三方交易平台 Marketplace 上查了一下，发现此书网站上只有唯一一本新上架的在售，这本书的售价被购物助手抬高了很多，标价 999.11 英镑，因此我把自己的这本标价为 999.10 英镑。（如果你现在查看会发现购物助手已经把原来唯一在售的那本书售价调低，我的标价 999.10 英镑便成为全网最高价。）当然，一本罕见的书，即使它本身价值不大，也可以溢价出售，因为它有可能正是某人（也许是作者本人）苦苦找寻的书。然而，这类价格算法的干预机制应该是存在的。大数据方法的优劣既取决于其数据也取决于其算法。

股票市场的自动识别系统与购物助手软件情况不同，在这类系统里，自动程序代替人类购买股票。从理论上来讲，利用大数据在合适的时间买入或卖出合适的股票是个不错的选择。但是，网站只会购买它认为最适合你的保险证券，而购股人不了解任何信息，这可能导致可怕的后果，让股市闪崩，付出沉重的代价。

2010 年 5 月 6 日，从纽约时间下午 2 点 32 分开始，在 36 分钟内，美国股市市值蒸发了一万亿美元，罪魁祸首就是一群自动程序购买者。许多股票交易不再由人类控制，算法取而代之操控股市数据。这个案例中，出问题的算法——我称之为"自动程序购买者"——采用金融领域的高频交易模式，往往只持有股票几分钟，然后转售。这类算法设计有缺陷，一分钟内的股票抛售量会基于前一分钟股票抛售量的固定百分比而得，这样很可能会陷入恶性循环中。

大数据系统的动作比人类快得多，人类花了 36 分钟才搞清楚发生了什么，随即拔掉了数据系统的插头。这个案例的代价是惨重的，说明了大数据算法的关键性。如果算法出了问题，其高速的重复运算能力会在人类反应过来之前产生巨大的破坏力。

即便如此，购物助手和自动程序购买者还是可能发挥作用。可能会有人反驳说，将大数据普遍应用于购物领域不但毫无用处，而且危机重重。谈到这里，我们可以看看大数据对广告的操控。

我们知道你在看什么

第一次发生下面的情况会让人觉得不寒而栗，应该说，每一次发生这样的情况都让人不寒而栗。举个例子，几天前，我和妻子谈到给女儿们买圣诞礼物的事。今天我打开脸谱网，一则广告出现在我眼前，这则广告的出现真的让我很震惊，因为这正是我和妻子几天前谈到的那款产品——一款香奈儿香水，价格不菲，但我的女儿们很喜欢。我从来没有在网上搜索过这个产品的任何信息，难道脸谱网偷听了我们的谈话？这一切要成为可能，从技术层面而言，应该至少涉及了两种技术，下文我会谈到这两种技术。

这种现象看似极其离谱，解释起来却很简单。之前我外出时，妻子曾用我的电脑搜索比较过香奈儿香水的价格，搜索会留下痕迹（搜索痕迹可能被 cookie 保存，cookie 是网站用以保存每次访问数据的小型文本文件），这些搜索痕迹被脸谱网保存并用以投放定向广告。然而，大多数人反对定向广告的投放，哪怕这看似并没怎么冒犯隐私。美国的一项调查显示，68% 的受访者不赞成网站投放有针对性的定向广告，因为这会让人产生被窥探的感觉——学历越高、收入越高的人群反对的呼声越高——尽管如此，这类由大数据驱动的广告还是越来越多，已经成为我们现代生活的一个特征。

这个案例说明大数据正把带给零售商的好处强加在我们身上。按理说，这对我们也有好处，因为我们往往更愿意看到自己感兴趣的产品广告，而不是讨厌的东西。但是，定向广告的有用性和侵入性之间应当存在一种平衡——在这个案例中，大多数人似乎认为侵入性已经远超过有用性了。

然而，真实的情况还要严重得多。倘若你访问某个旅游网站时，看到其竞争对手的广告，你很可能认为是该网站出错了，或者是谷歌搜索引擎向该网站投递了错误的广告，因为没有哪个旅游网站会替竞争对手做广告，道理就如同森斯博瑞超市不会给乐购超市和维特罗斯超市做广告一样。一旦你在某网站上看到其竞争对手的广告，这就说明大数据很可能已经认定你喜欢在网上闲逛耗费时间，且正试图把你转变为牟利对象，要把你纳入其收益流中。

从事过销售的人都知道，某些人乍一看购买欲很强，但后来却发现他们迟迟不愿下单，这些人占用了店员很多时间，缠住店员无法脱身，耽误了店员处理其他生意，可以说他们就是在浪费时间。在网上这一切不会发生（除非网站太忙，速度慢到让人受不了）。算法可以随时定位找到其他渠道弥补时间浪费所造成的损失，谋取利润。

一旦系统认为你不太可能作出购买决定，这时就是允许竞争对手广告出现的最佳时机。如果你点击了广告，你之前访问的网站就会得到一小笔佣金——这总比什么都没有好，更妙的是，其竞争对手会为此买单。系统能够读懂你的心思，发现你不会购买，这一点表现不俗。要做到这一点，系统要结合很多明显的信号才行，比如，你是否登录过此网站，你 IP 地址的访问者是否有过购买行为，一天甚至一年中你是否搜索过任何相关信息可以表明你是否是潜在购买者等。虽然系统读懂你的心思靠的只是一种猜测——但如果大多数时候都能猜对的话，对网站而言，广告就算投错了一些也无可厚非了。

然而，对顾客而言，定位错误的广告是否会激怒他们，这可不好说。让我们来看看定位面更广的广告吧。系统识别出你一直在寻找的某款香水，并向你提供该产品信息，这可能是受顾客青睐的做法。但是，倘若顾客已经购买了此产品（尤其是在买贵了的情况下），这时投递广告就不再受人欢迎了。在很多情况下，目标是可能被完全误判的。喜剧演员兼统计学家蒂曼德拉·哈克尼斯（Timandra Harkness）曾讲述过一个真实的故事。她的一位采访对象飞往佛罗里达照顾自己重病的母亲，到达第二天，她就开始陆续收到当地多家殡葬服务机构的广告。

虽然这种操作失误让人气愤，但也比故意捕捉别人弱点再刻意投放广告的行为要好。例如，某人想找寻债务管理方面的信息，却开始收到一系列的发薪日贷款[1]机构的广告，这对于那些债务缠身人来说，无疑增加了沉重的心理负担，这样做很不合适，但这种情况却常有发生。我们仅衡量使用大数据带来什么好处是不妥的，还需要估算其给人带来的损失，损失往往不是一眼就能看见的。对于那些正在债务问题中挣扎的人而言，有些定向广告可

1　paydayloan，在国外通常指 30 天以内的个人短期纯信用贷款。——编者注

能比较合适，比如收到一些债务管理慈善机构的定向广告，有针对性地为其提供免费的热心服务。但有一点很肯定：这涉及道德的问题，不能留给算法去面对和处理。

为了向你投送合适的定向广告，算法会以你为目标，随时关注你的网页浏览记录，这只会出现在网络世界中吗？在现实世界中，这种情况肯定不会发生吗？

我们正在关注你

网上商店开店成本较低，还可以轻而易举地获取消费者信息，这是传统的实体商店做不到的，至少目前还做不到，不过应该很快了。不知何时起，网上商店的定向广告悄然走进了我们的生活，这些广告有可能是猫途鹰旅游网上突然弹出的信息，告之你拐角处有一家餐厅，也有可能是能探测到你手机的展示广告，向你推送展示可能与你相关的各类产品和服务。其实，相较于网上商店的定向广告，大数据在一些实体商店里的使用也很频繁，主要使用于视频分析方面。

在电视里看过犯罪剧情片的人知道，侦探们常常会通过分析数小时内的闭路电视录像来最终锁定犯罪嫌疑人或其车辆。很多人以为大数据只和数字有关，其实，大数据也和视频有关，视频和电子数据表一样，也含有大量的数据。当视频以数字的形式出现时，它变成了无数个 1 和 0 的结合。人类很善于处理视觉数据，但是却很难忍受长时间观看视频，并且人类处理视觉数据的能力也会随着时间的增加而减弱，这就为大数据算法介入视频分析提供了绝好的机会。大数据越来越多地应用于刑侦领域，当然，也越来越多地应用于零售领域。

商店里安装监控摄像头是常有的事，如果没有安装摄像头我们反而觉得奇怪，但前提是这些摄像头是为了保障安全才安装的。有了大数据的介入，监控摄像头的潜力被挖掘出来，可以发挥更大的作用，例如可以追踪商店的哪些区域和哪些展示商品最受顾客关注。摄像头的面部识别技术能标记每一位顾客，不仅可以追踪其在商店里的活动，还可以识别其多次购物的信息。把这样的面部识别结果用到社交媒体上，还有可能找出之前访问商店的顾客，并在网络上向他们推送产品。

美国有一家名为 Percolata 的大数据公司，该公司研发的数据系统为优衣库、7-11 连锁便利店等多家零售商提供服务。该公司采用了另一种方式，其数据系统将店铺内和店铺周围的客流信息与每位员工的销售业绩结合起来，力图测算出客户服务中很难评估的一个方面——服务生产力。该系统按照进入店铺的顾客量来计算每位销售人员的业绩，以此监控其业绩表现，这可以避免因不同时段客流量差异所产生的业绩差异——当然，这种检测手段的存在依然表明销售员唯一的价值体现就是创造销售业绩。

这些数据，再加上其他各种因素——不同的销售员搭档工作对销售业绩产生的影响、天气阴晴对销售业绩产生的影响——都被纳入系统，系统会根据这些数据自动安排销售员的排班和布局，优化销售员的工作效率，从而最大限度地提升商店的总体销售额。（了解这类系统的更多信息可参见第六章"倘若你的老板是大数据"一节中关于"零工经济"的论述。）Percolata 公司还对比了其他没有采用该系统的商店，认为采用了该系统的商店销售额会提升 10% 至 30%。对商店员工而言，在这种依靠算法来管理的环境里工作，体验并不会太美好。那么对消费者而言又如何呢？ Percolata 公司采用的系统，或者说视频数据分析系统是否存在侵入性商业行为呢？这种行为是否坦荡呢？

且不说把面部识别数据拿到社交媒体中使用的情况，就这个问题我们很难有个明确的答案。没有人会对一个安装在商场隐蔽位置测量人流量的摄像系统有意见，但一旦这些摄像系统用于个人识别和跟踪，这相当于监控了。购物的顾客可能永远都不知道发生的一切，但是商店员工不一样，他们知道监控的存在，一直在监控下工作，监控摄像头给老板提供奖勤罚懒的数据，这真的算是很好的管理策略、值得借鉴的行为吗？这还真不好说。

将大数据和视频分析相结合不仅可服务于商贸领域，也可服务于警方和市政管理方。警方和市政管理方可以通过街上安装的监控摄像头提高工作效率。一些交通枢纽，尤其一些安全性要求较高的交通枢纽，例如机场，已经在试验通过视频识别人脸来跟踪个人并标记可疑人物。当然，机场的大数据应用不局限于此，倘若你曾经遭遇过航班超额预订的情况，你可能就会有所体会。

为什么航班会超额预订

说起来可能很多人不相信，航空公司的订票系统是最早有效使用大数据的用户之一。美国航空公司非常重视对其航空订票系统 Sabre 的打造，该公司甚至还曾向其他同行航空公司介绍自己是一家运作订票系统的公司，同时也开展航空服务。随着精确到秒的实时预订服务在全球普及，航空公司是最能即时掌握机票销售和库存状况的，然而多年来各航空公司航班超额预订严重的情况却时常发生，这不是意外失误，而是与算法相关的风险决策。

我曾在英国航空公司从事过与运筹学相关的工作。运筹学就和航空公司的超额预订直接相关。运筹学始于第二次世界大战期间，一批物理学家和数学家应邀参与研究如何解决军事问题，因此他们建立了一系列的数学机制并应用在军事领域，例如，他们研究到底哪种深水攻击的模式最有可能使潜艇失去行动能力。可惜第二次世界大战结束后，这批专家被各自分配到不同的工作领域，研究至此结束。其实，运筹学分析家可以被称为早期的算法大师。

商务旅行往往具有不确定性，这就可能直接导致超额预订机票的现象。全价机票虽然价格高昂，但是可以全额退款，即使在飞机起飞之后都还可以全额退款。如果商务旅行者的行程不能确定，他们往往会按照可能出行的时间多买几张票，一旦确定出行便只需使用其中一张，他们就会把其余的机票退掉。这便会造成航班起飞时空位率较高的现象，名义上这些座位已经出售，实则乘客已经退款。

空位率的高低也和航班路线有关。比如，英国伦敦希思罗机场飞纽约或者飞阿姆斯特丹的航班就比英国卢顿到西班牙玛尔贝拉的航班更容易发生高空位率的情况。运筹学专家收集统计空位人员的分布数据并绘制出大数据图表，以此便可以准确预测某些结果，例如，某一航班会有10%的空位率，那么订票系统就会出售110%的座位以减少航班空位率。

通常情况下，这种"超额预订对策"是有用的，但也并非万无一失，基于过去的数据预测未来大多如此。比如偶尔会出现飞机乘客数量多于座位数的情况，这时航空公司不得不支付乘客改期飞行产生的费用并予以赔偿。部分乘客并不在乎时间早晚，因此觉得通过这种方式轻松赚上一笔还不错。航空公司也会平衡成本和收益，虽然补偿乘客会花费成本，但是平时多卖出的机票收益不仅可以平衡这种成本花费，往往还会有盈余。

因此，为应对航班超额预订，大数据运作能力很强的航空公司公然滥用数据已然成为其生存之道。虽然超额预订表面看似是大数据出错，但实际上却给航空公司带来丰厚的隐形利润。与此相比，高街银行（high street banks）处理大数据的方式就比较难理解了。

谨慎的银行家

我们前文提到过，大数据积极参与了股票和其他银行活动，作用巨大，但是在大数据参与这些活动时，金钱往往不被谨慎对待，这些活动更像在赌博。每一天，高街银行都会发起各类银行活动，这些活动与我们的账户息息相关，但是银行却似乎对大数据的重要性认识不足。银行和航空公司一样，很早便使用了大数据来处理大规模的实时交易，按理说大数据能为银行和其客户提供更良好的服务，但结果却好像不全然如此。

诚然，银行利用大数据通过多种方式对客户产生影响。在过去，如果你有关系要好的朋友是当地银行的经理，他就可以私自决定是否借钱给你。现在情况不一样了。银行通过算法收集数据，收集的数据范围从银行内的账户活动扩展到银行外的信用评级机构或者更广。这对于银行而言是利好的，算法能帮助其快速作出决策。但是对客户而言，可能一个不知名的算法就会决定自己的未来，并给自己的日常生活带来负面影响。本书将在第六章再次谈及这个话题。

大数据系统还能实时监控信用卡和借记卡诈骗行为，很明显这会给银行和客户都带来好处，但是，不太明显的是为什么银行系统在处理数据时会存在滞后的现象呢？

为什么有些付款详情需要几天后才能查询呢？或者为什么每月如钟表走时般准时的支付账单但凡遇到周六就会延迟两天，遇到银行节假日还会延长更久呢？可能你对此不解。其实原因在于银行系统是在模拟传统纸质化系统的基础上建立起来的，纸质化文件或货币需要手动审核，并通过内部邮件系统传递，这些程序都需要耗费时间，因此延迟在所难免。

颠覆以往的银行系统从零开始重建将产生巨大的支出，因此银行并没有选择这样做，而是选择拓展系统的新功能。我们可以在几秒钟内通过电子方式把钱从一个账户转到另一个账户，甚至在周末也可以；我们也可以随时通过点击一张非接触式卡片完成支付。但是，所有的这些活动都建立在某个系统之上，该系统仍然默认自己处理的是纸质账簿和支票，这些账簿和支票必须在清算之前返还给客户所在的分行。银行的案例充分说明了目前日常生活中的大数据应用还处于发展阶段，只有我们拥有了利用现代先进技术打造的新一代银行大数据系统，一切才会更加成熟。

作为客户，我们往往希望银行能够保守一点，谨慎对待自己的每一笔钱，而不是随意处置。其实，商业既涉及谨慎严肃的领域，也涉及轻松有趣的领域。我们不得不承认，大数据正在这两种领域中蓬勃发展，让我们在下一章看看大数据所带来的快乐时光吧。

4

快乐时光

▶▶▶

参观澳大利亚植物园

大数据和它所带来的快乐已经通过互联网，特别是万维网植入我们的生活。互联网和万维网常常被人混淆，媒体的宣传也常常出错，认为在日内瓦欧洲核子研究中心（CERN）工作的英国计算机科学家蒂姆·伯纳斯·李（Tim Berners Lee）发明了互联网。其实伯纳斯·李并没有发明互联网——他的贡献是发明了万维网。

互联网是连接计算机的基础，从字面可以看出来，它实际上是一个"计算机间的网络"。二十世纪七十年代，互联网从一个名为阿帕网（ARPANet）的美国军事网络中发展起来，阿帕网自六十年代开始，在美国大学中就占据着重要地位。最初，该网络的作用是将远程终端登录到远程主机上——比方说洛杉矶的研究人员可以不用出差就能与波士顿的计算机进行交互。

1973年偶然发生的一件小事却让互联网获得历史性突破，从计算机间的基础连接迈出全新的一步。那一年，美国计算机科学家莱恩·克莱因洛克（Len Kleinrock）在英国苏塞克斯大学参加一个会议后回到洛杉矶的家中，发现自己把剃须刀落在了布莱顿。这次会议在类似阿帕网的网络上进行，建立了网络的临时扩展，通过位于康沃尔的贡希利唐斯卫星通信站来传输信号，这个卫星通信站通常负责处理跨大西洋电话和电视信号。

克莱因洛克回到家时，因部分参会代表还没有离开，会议网络连接还没取消。他发现一个同事连接上了网络（尽管当时已是英国凌晨3点），于是通过一个为连接电传打字设备而设计的程序向自己的同事发送了一条消息，希望取回剃须刀。克莱因洛克的这条消息其实就是世界上第一封发送成功的电子邮件。

二十世纪七十年代，电子邮件流行开来，加入了留言板和其他通信机制，要么使用互联网连接，要么使用计算机服务网（CompuServe）和美国在线（AOL）等商业网络连接。

尽管"万维网"这个名字听起来很浮夸，但伯纳斯·李所做的一切努力都是为了让人们更容易地通过互联网访问电子文档库。他为此建立了一个标准的机制，就像互联网的创始人设计了通信协议，使计算机间的通信能够正常工作一样。伯纳斯·李在特德·纳尔逊（Ted Nelson）在二十世纪六十年代所提出的概念基础上，利用可点击的超链接使一个文档跳转到另一个文档，这个操作被广泛应用于微软的帮助系统和苹果计算机的Hypercard程序中。伯纳斯·李于1990年末在欧洲核子研究中心将第一个本地网络功能联合起来，并于1991年向全世界开放。

1992年我第一次使用网络时，只有几个网站。这些网站和欧洲核子研究中心的网站一样，主要显示的是文本文档，几乎没有图像——这并不奇怪，要知道，除重要机构之外，当时网络接入靠拨号和调制解调器进行交互，大约比现代的普通互联网连接慢1 000倍。那时还没有谷歌，也没有其他的搜索引擎（第一个大型搜索引擎远景公司 AltaVista 在 1995 年才创立）。你得先知道具体的地址，然后再把它输入到粗糙的网络浏览器中（不知为何浏览器是刺眼的灰色背景）。可能当时最令人兴奋的事情就是访问澳大利亚植物园的网站了。该网站创立于 1992 年，虽然里面除了一些分辨率很低的图片外，主要就是一些文本内容，但是依旧让当时的人们感到不可思议，因为该网站查询到的资料是直接来自澳大利亚的第一手资料，人们顿时觉得世界变小了。

在那个时代，人类无法想象，网络作为一个通用的信息来源，将大数据源源不断地输入我们的指尖，会带给我们日常生活这么多翻天覆地的变化。

一切问题的答案

生活中常常会出现这样的情景，家人聚在一起看电视新闻，新闻里刚好提到某个人，其中谁可能会感兴趣地随口一问："他跟谁结婚了？"在过去，就算是这个简单的问题，你都得专门跑去图书馆查找资料才能知道答案，很大可能你还查不到相关资料。或者，你可以查找过期报纸的名人专栏，兴许再费劲查找一两天后得到结果。事实上，你是不会费心去寻找这些琐事的答案的。然而现在，你只需拿起手机，输入几个关键字，信息立马就出来了。互联网被看作一个通用数据库，里面有你想要的所有信息来源，随时随地可取。

当然，事情没有那么简单，互联网不是百科全书。很多网络搜索出的信息都是未经整理的，因此必须判断哪些是真实的，哪些是不实的。2016 年，美国人颇为担忧"虚假新闻网站"影响总统选举——在信息易于发布和获取的今天，我们更加要重视分辨信息的真伪，需要更多的条款来保证信息的准确性。

这也是维基百科遭遇的老问题。没有哪本百科全书包含的信息有维基百科那么细、那么全，而且其中大量信息都是准确的，特别是科学技术方面的信息。过去有分析表明，维基百科中科技文献的错误率并没有高于《大英百科全书》，但维基百科的文献数量却多得多。然而，就是这样的维基百科，如果监管不力，在其文献谈到一些有争议性的话题时，例如政治，还是很难避免混入一些怪异的东西。虽然维基百科的支持者们尽力加强了管控，但上述情况还是有可能发生。

有时加入错误的信息是为了增加乐趣。维基百科里曾收录过萨里郡一家名为"博克特农场"的儿童乐园的条目，其中有这样的描述：

博克特农场也是世界上首次在基因工程造恐龙方面取得成功的机构之一。该农场的第一只用基因工程造的恐龙名叫斯图尔特，重达 18 吨，它生活在农场公园北端一个约 16 亩的围场内，饮食主要包括干草、伏特加马提尼酒和飞碟。斯图尔特说将来他想从事会计方面的工作。

毫无疑问，这段信息错误很多。互联网的出现引发了一场数据革命，也带来了一个全新的信息环境，而我们的社会尚未完全适应这个新环境。在互联网的世界里获取信息关键需要有一个优秀的搜索引擎，还有一个优秀的市场，这个市场的主宰者名叫：谷歌。当然，微软的必应搜索引擎也不错，可以获得荣誉奖。

谷歌一下

谷歌搜索引擎的确有一些神奇之处。如果我输入自己的名字 "Brian Clegg"，谷歌在不到一秒的时间内就会显示大约 56.4 万个结果，这些结果中虽然有部分是关于和我同名的一位工艺品供应商的，但大多数结果的确是有关我的，这就是大数据的力量，真是令人赞叹。谷歌的搜索结果覆盖了 470 亿到 490 亿个页面，必应的搜索结果覆盖了 160 亿到 170 亿个页面，当然，哪怕借助现代科技之力，我也不可能一一访问这些页面，大多数页面是用不到的。

　　顺便说一句，这并不意味着网络上只有 500 亿个页面，因为其实还有很多文档是禁止谷歌访问的，这些文档可能是商业网页或安全保密网页。然而，谷歌覆盖的页面范围仍然很大，很难相信它真的可以为我们搜索到数量如此之多的资料。当然，每次我们提出请求，谷歌网站并不会在整个网络上运行，它的软件代理程序（称为"爬虫程序"）不断地在网络上漫游，寻找可以添加到索引中的新材料，我们的请求就是根据这些材料进行匹配的，而不是根据其原始数据匹配的。即便如此，谷歌索引运行的数据量也达到了 100 拍字节，1 拍字节相当于一百万 G。

　　从索引中查找响应，可以将查询的字符与网络页面上的字符进行匹配，其实匹配行动在您开始键入字符时就开始了，这样便会提升速度。不仅如此，谷歌拥有一套完整的体系可以按特定顺序排列结果。搜索出的结果有的置顶，可能因为它的所有者已经为此付钱；还有的会挤到前排，可能因为它是最新的网站，可能它和其他某重要网站相连，也有可能谷歌认为该网站质量很高，或者还有其他原因。谷歌系统可以从历史浏览记录或谷歌其他网站的登录情况来了解搜索请求者，请求者的任何信息都可能影响搜索结果的排序。有一个行业为了推动网站排名上升，专门从事逆向研究探索谷歌排列算法的秘密，为了对抗这种所谓的"搜索引擎优化"行为，谷歌的工程师们也一直致力于调整其排列算法。

当然，谷歌的搜索还有购物服务、商务交流服务、教育服务，其服务领域远不止娱乐。提到娱乐，毫无疑问，大数据将其娱乐功能充分地展示在网络上了，尤其通过一些大型流媒体网站，例如奈飞公司和亚马逊媒体服务平台等，展示得淋漓尽致。

奈飞公司和寒冬期

除了在线游戏，互联网上最受欢迎的娱乐形式当属观看网络视频了。从奈飞公司推出新片的过程中我们可以看出，网络视频的开发要比从世界某个服务商那里获取移动影像字节然后投送到客户的电视、笔记本电脑或智能手机上要复杂得多。一些看似简单的操作，例如能做到随时点选一部电影或一档电视节目，并像控制 DVD 一样随时开启或暂停，其实都是很了不起的。一张 DVD 存储数十亿字节的数据，想象一下，当这些流媒体网站服务于数百万客户时，所涉及的数据量多么惊人。

尽管流媒体服务尚未像传统广播那样普及——在撰写本书时，约有四分之一的英国家庭订购了流媒体行业领军者奈飞公司的服务——但流媒体服务正在改变我们看电视的方式。消费者越来越希望在需要的时候观看自己想看的东西，因此按需服务平台建立了顾客储备库，能够资助足够的新素材供顾客通过流媒体等非传统的数据渠道观看。

二十年后，除了现场直播之外，估计很难再有定时播放的节目。到那时，即便是英国的英国广播公司和独立电视台，美国的哥伦比亚广播公司、全国广播公司、美国广播公司和福克斯广播公司等这样传统广播巨头也不再可能会因使用日益过时的电视传播方式而烦恼。在未来，有望所有的广播电视传媒都实现即时点播。奈飞公司的成功说明这样做会给广播电视传媒带来巨大的利益。人们常常会对过去难以割舍，会担心舍弃传统的传播方式会输掉全局，但是所有的证据都表明这样做恰恰不会输掉全局，而是会让传统的传媒公司在制作新节目时作出更大胆、更有效的决定，就如同奈飞公司一样。

和所有"纯数据"娱乐一样，网络视频也有可能被盗版，盗版行为总是如影随形。但是我们发现，杜绝盗版的最佳方式是让合法的流媒体或下载娱乐尽可能地变得简单、快捷、不受约束。像奈飞这样的公司从一开始就做得很好，他们尽可能地将产品投放在很多的观看平台上，并向观众提供一些有价值的功能，比如在一个设备上停止观看电影或节目后在另一台设备上可以接着继续播放。

这就是奈飞公司、亚马逊媒体服务平台等大数据巨头与传统影视制片机构和网站的明显区别。在过去，流媒体的发展曾受到阻碍，因为当时传统的媒介希望通过提高直接观影的观众数量来刺激广告收入的增长和 DVD 销量的提高，结果却让自己遭受很大的损失。

无论哪家影视公司，制作移动影像都是其工作的重中之重。其实，在制作影像方面，大数据也发挥着重要的作用。

修复图片

大数据在电视电影中的应用和其在其他领域的应用有所区别，第一个最大的不同点就表现在制作图像方面。人工智能系统在制作图像方面表现不俗、业绩非凡，已经发展到可以根据一张静止的图片生成移动影像的阶段，让"接下来发生什么"不再是疑问。

2016 年，麻省理工学院的一个团队曾做过一项研究。研究人员从一个在线分享网站上选择了 200 万段包含特定场景和人物的视频，例如医院里的婴儿、海滩和火车站，并将这些视频大数据接入系统，人工智能系统利用这个大数据集把静止图片生成为移动的视频。当时的视频虽然都很短，只有一秒左右，但实现了让一张静止的照片动起来的历史突破。

与以往一样，大数据运行结果的好坏取决于利用数据的算法。巧妙的是，麻省理工学院的系统使用了两种不同的算法，其中一种算法用于评判另一种算法的输出质量，根据收集到的所有影像来判断另一种算法预测的动作轨迹是否有变异。

和人相比，系统不可避免地存在局限。人类可以根据广博的认知进行推论（或者更确切地说是归纳）。如果我们看到这样一幕，沙滩上伸出一颗活生生的人头还在张嘴说话，会自然而然地认为说话者身体的其他部分被埋在沙里了。然而系统不一样。只有系统在处理过一段某人被埋沙滩的视频后才能有这样的"意识"，并且系统能"意识"到多少也是不确定的。从理论上来讲，这项技术可以用于填补电影中一些缺失的画面，但是研究人员的初心并不如此，他们希望通过自己的努力让人工智能系统更好地把握"接下来会发生什么"——如果我们希望系统能够自主运行，这一点至关重要。以已经在道路上测试的自动驾驶汽车为例。汽车在决定启动时，控制汽车的人工智能系统必须监测周围的环境并预测结果，以降低事故风险，如将麻省理工学院的研究应用于此，可能有助于提高系统的预判能力。

视频并不是娱乐行业向大数据世界艰难转型的唯一领域。在应对大数据的影响方面，音像和图书出版业更像是传统影视制片机构：它们一直在与新的工作方式作斗争。

移动媒体

数字世界最先对音乐产生影响，因为音乐盗版挑战极大。从本质特性来看，数字化数据比物理存储的模拟数据更容易复制，磁带和光盘的复制效率已经让人震惊了，数字文件的速度更是让人瞠目结舌，它可以在眨眼之间将音乐数据传输到整个世界，像纳普斯特（Napster）这样的免费音乐共享服务可以分秒就吞噬了唱片公司的利润。

然而，和电视流媒体一样，音乐行业最终意识到在盗版猖獗的情况下，通过合法的方式让听众更容易接触到音乐其实要比花大把的钱去打击盗版更有效。对普通听众而言，既可以从苹果公司的 iTunes 等数字媒体播放程序轻松下载音乐文件，也可以从声田（Spotify）等音乐服务平台那里获得流媒体音乐服务，自然就不会再去支持盗版，违反法律。当然，总有一部分人还是会去违法——但这样做捞到的好处不大了，因为大多数人可以通过合法途径获得音乐。再强调一遍，有效利用大数据的关键还是在于其便利性。通过利用强大而灵活的大数据，像声田这样的公司可以在不违反法律的情况下突破音乐聆听的边界。

相比之下，在出版界，书籍以数字数据形式出现的时间要晚得多。卡耐基梅隆大学的研究人员称，2009 年一家大型出版商的市场负责人曾找到他们询问"什么是电子书"，当时研究人员感觉这位负责人实际上想问的是"我们应该如何应对电子书的到来"。现在，要应对电子书的到来已经为时已晚，可仍然有许多出版商在奋力抗拒着大数据出版这种全新的方式。

就像过去的电视和电影制片厂一样，图书出版业也已形成一套行之有效的销售模式，尽可能地榨取利润。首先图书出版商会选择出版书籍的精装版，虽然出版数量不多，但利润却比平装版大，一些急于购买此书的读者不吝花高价购买精装本，一年之后，平装版本才会面世，目标顾客群是剩余那部分之前不愿掏腰包的读者。电子书出现之后，情况是怎样的呢？

最初，许多出版商像对待平装版一样对待电子版书籍，往往要拖上好几个月才晚于精装版发行。大数据时代的一贯做法是尽可能让获取图书的合法版本变得容易，但是，出版社并没有这么做，而是使之变得更难——这个行业以前很少出现盗版，但是这样一来，盗版愈演愈烈。有意思的是，研究表明，延迟发行电子版的决定毫无逻辑，因为精装版和电子版的市场并不冲突。2010年，亚马逊曾与一家电子书出版商发生争执，并暂时停止销售该出版商所有书籍的电子阅读版本。从这个案例中，研究人员发现，电子版晚发行对精装版发行其实并没有产生任何影响。

更有意思的是，精装版的销量没有受到电子版同步发行的影响，但如果推迟发行电子版，电子版的销量则会大幅下降，似乎电子版买家更希望尽快拿到自己心仪的书。因此，推迟发行电子版的策略其实不是在保护销售额不受影响，而是在削减销售额。

最终，出版商们意识到了这一点，现在大多数出版商在发行精装版的同时也会发行电子版（如果该书有电子版的话）。但是，仍然有些出版商，尤其是一些古老且死板的大型出版社，表现出一副不完全不了解市场的样子。一些出版商把电子版的价格定为仅略低于精装版，且只有在平装版有售时才会降价，这其实是一个危险的策略，因为这会再次刺激盗版的产生，看来这些出版商依旧不太了解自己的电子书客户。

毋庸置疑，亚马逊在电子书市场占据着主导地位，其电子阅读平台 Kindle 占据了美国逾 75% 的市场份额和英国 95% 的市场份额。与奈飞公司一样，亚马逊过去也擅长利用客户数据，用这些数据将某些产品在网站的突出位置显示出来，用这些数据给客户提供访问电子版的便捷。图书出版商与其客户群之间没有太多的直接联系，因此，和亚马逊相比，明显处于劣势。在大数据的世界里，缺乏和客户的直接联系会被置于危险的境地。

不过，图书出版商有一种间接从读者那里获得信息的方式，那便是利用大数据尝试找出畅销书之所以畅销的原因。

解密文字

图书出版商不像其他一些娱乐媒体那样能够接触到客户的大数据，但是，他们却能够直接接触到出版的内容——书籍的手稿。

有人认为了解了拟出版的内容就可用以预测或造就下一本畅销书了。

出版社往往会表现得自己慧眼独到，能够提早发现哪本书是畅销书，但是《哈利·波特》和《五十度灰》这样的畅销书却出人意料。这是因为在数学意义上，当某系统处于混乱的状态，要在这个多种因素相互作用的系统中进行预测是不可能的——这种情况和我们之前提到的天气预报差不多。

同理，一本畅销书的各个方面常常与社会因素及其发展趋势交织在一起，因此很难作出准确的预测。但美国学者马修·乔克斯（Matthew Jockers）与曾做过编辑的朱迪·阿切尔（Jodie Archer）合作研究，设计了一款软件，通过分析大量畅销书找到了相关特性，他们宣称大数据能够解决畅销书预测这一问题，建议使用他们研发的算法来掌握潜在畅销书的出版情况。这样做的话，大数据就能左右出版商的品位了。

虽然奈飞公司的模式告诉我们大数据有可能比业内专业人士更专业，能更好地判断一个项目的潜力，但是乔克斯和阿切尔的软件能够比专业人士更专业地判断畅销书吗？虽然乔克斯和阿切尔已经建立了一个基于计算机文本分析的机制，该机制善于发现哪些书会是畅销书，但是还是不能避免系统混乱所导致的预测困难。

　　该软件通过观察不同的词语使用模式和组合，可以预测一本现有的书是否有可能登上《纽约时报》畅销书排行榜，这不得不令人惊叹，但是这个软件也不是万能的。乔克斯和阿切尔也承认自己的算法有时选中的目标不一定就是大多数人认为的"伟大作品"，比如：丹·布朗的小说和《五十度灰》。当然，有人会反驳说一本书写得很糟糕为什么还会畅销。其实，在很多方面，这些畅销书的确写得好，只是"写得好"的标准不再是传统文学批评家所使用的标准。

　　算法既不能决定如何写出伟大的文学作品，也不能有助于写出人人都喜欢的作品，每个人都有自己的喜好。我个人也只对系统所列100本畅销书中的一小部分感兴趣，我们大多数人不只看"畅销书"，我们有自己喜欢的小众书籍。这一点很好，畅销书预测系统不是为读者设计的，它是为传统畅销书市场寻找可能的目标而设计的。

　　然而，乔克斯和阿切尔下结论说"超级畅销书不是黑天鹅"这是绝对错误的。他们的预测系统采用了一系列衡量标准，虽然像《哈利·波特》和《五十度灰》这样的超级畅销书确实符合系统的某些标准，却不符合系统的其他标准。因此，为了写出一本畅销书，乔克斯和阿切尔给出了一系列建议，例如：避免触及玄幻的话题、非常英式的话题、性及身体描述相关的话题等。乔克斯和阿切尔的模型似乎在识别普通畅销书方面做得不错，但在识别真正一炮而红的超级畅销书方面还表现欠佳。

乔克斯和阿切尔仅仅谈到了系统中得分很高的很多书都出现在畅销书排行榜上，这一点非常了不起，但是他们没有提及系统误报的情况——很多系统中得分很高的书并没有出现在畅销书排行榜上。其实系统误报的相关信息对评估算法的有效性很有帮助。我相信以后大家会听到更多的类似预测，但我希望图书出版商不要太过于相信这些东西，因为这些手段显得低级无趣。有人会说，可能另一种大数据系统更能给出合适的答案，它的应用范围要广泛得多。其实，今天早上才刚刚和"她"交谈了一番。

"她"可以和我说话

如果你使用过智能手机或者电脑，你就很可能和算法进行过对话。苹果公司的 Siri 和微软公司的 Cortana 等智能语音助手模拟了人类的声音和智力，试图对语音提出的问题给出智能答案，而大数据绝对是这项技术的核心所在。

让技术说话并理解语言是人类长久以来的梦想。起初，人们以为这需要一套词汇和语法规则来指导，就像在学校学习外语一样。但问题是，这种学习只能让你学到某种程度就停止了，任何一个从教学课堂转到沉浸式语言环境的人都知道，自己接触真实语言环境时学到的东西要比从书本词汇和语法中学到的多得多。其实，电脑亦是如此。

大数据对外语（对计算机而言，所有的人类语言都是外语）采取浸入式的处理方法。计算机可以访问大量真实的、人类创作的文本，从中可以推断出什么是真正的翻译。系统把收集的词汇放到语境中，能够让理解和表达更自然，而不是仅仅根据古板的语言规则来理解和表达。

语音识别系统的设计者通过硬编码的方式来处理常见问题并给出答案，并随着时间的推移不断发掘新的问题，提供新的答案，这种不断的累积修正让类似 Siri 这样的语音识别系统表现不俗。记得我第一次对 Siri 发出指令时，模仿了电影《2001：太空漫游》中的一句经典台词："打开舱门，哈尔。"对人工智能系统而言，这句话可能常用于开玩笑，因此 Siri 回答："布赖恩，没有你的太空头盔，你应该赶紧去找……屏住呼吸。"现在，我试着对 Siri 说同样的话，Siri 却会果断而傲慢地回答我："好吧……我打算把你告到'智慧代理人联盟'，举报你的骚扰行为。"

起初你可能认为智能语音助手的功能似乎纯粹只是娱乐，而不能为用户提供实实在在的方便。但很快你便会发现询问 Siri "一根香蕉有多少卡路里"，让 Siri 进行网络搜索比你自己在浏览器中搜索要方便得多。同样地，你会发现让 Siri 将相关项目添加到日历中比你自己手动输入快捷得多，特别是在自己不方便手动输入，例如行走时，体会更明显。苹果笔记本里的最新版 Siri 能够处理更为复杂的请求，例如只要说一句"显示我这周编辑的 Word 文档"，一个个可以点击打开的文档列表便会随之显示在屏幕上。

我们也可以使用 Siri 等系统的部分功能来执行不同的任务，比如，记录口述信息。让我们来试试看吧。下面一段英文是 Siri 记录的结果：

> I have just dictated this sentence into my Mac using the built-in software, the factors as you can see it can slip up.

这里记录的是"the factors as you can see"有误，其实我说的是"But the fact is, as you can see"。句子中的短连词，比如"but"，经常丢失，并且发音相近的英语词汇"fact is"和"factors"也常常混淆。当然，如果系统涉及的大数据越多，就越有可能获得正确的结果。类似地，像谷歌这样的翻译软件也并不是利用字典进行逐字翻译，而是利用一个巨大的人工翻译数据库，把短语和句子置于语境当中进行翻译。

Siri 算得上是计算机世界里的智能助理老前辈了，她正面临一场来自后辈 Alexa 智能语音系统的挑战，因为 Alexa 能够将大数据和你的家连接起来。

数据驱动的智能之家

在过去的几个月里，我的家被亚马逊 Echo 系统的大数据入侵。在两个房间里，一个圆柱形扬声器成了我最熟悉的设备。它看起来就像一个简单的蓝牙音箱，但只要你和它说话，从发出单词"Alexa"开始，它就会回应你。

虽然 Alexa 已经在某些方面比 Siri 技高一筹，但 Echo 系统的发展尚处于初级阶段。当你向 Alexa 发出请求需要某个东西时，请求会被迅速传递到亚马逊的后端大数据系统，后者会对请求进行分析，并尽力提供合适的答复。你可以问问明天的天气如何，可以要求讲笑话来听听，还可以要求在维基百科上查找某个单词或某篇文章的定义。你可以在日历上添加一个条目，可以设置一个计时器或闹钟，可以整理一个购物清单，可以从亚马逊的数据库或你自己的手机数据库里选取播放电台节目和音乐，或者可以在亚马逊上购物，在优步上约车，或者重新订购你最喜欢的外卖。

如果这些还不够的话，Echo 还可以与一系列家用自动化系统合作。在有 Echo 的房间里安装上智能灯泡，你就可以命令 Alexa 打开、调暗或关闭电灯。只要设备允许，你还可以与家里的暖气设备互动，通过 Alexa 的语音系统命令其打开或关闭。根据多次亲身体验，我发现唯一的问题是放在客厅里的那个 Echo 每隔几天就会被电视触发一次，然后随意回复一句，有时让人惊吓不轻。

Echo 系统里的 Alexa 个性活泼，并且还配置了意想不到的强大功能。当双手不空时，通过 Alexa 智能语音系统隔着房间打开电灯，这似乎成了人的第二种本能。写下这篇文章的时候正值圣诞季，我想与其期望电台播放应景的圣诞歌曲，还不如请 Alexa 播放圣诞音乐来得方便。当然，就其他大数据系统一样，Alexa 也不是白白为你服务的，有一点毫无疑问，Echo 系统会尽其所能引导你在亚马逊上购物，并为你的购物提供方便。还有，如果你没有按下一个停止键，Echo 会一直监控其麦克风所能听到的所有内容。我们会在后面的第六章谈到这一点，这可能是个隐患。

在电视剧《黑客军团》中，一名女性角色把 Alexa 看作自己最亲密的朋友（此剧是亚马逊 Prime 力推的剧集，出现这样的剧情并不意外）。亚马逊称，已经有 25 万人对 Alexa 求婚，每天有约 10 万人会向 Alexa 问候"早上好"。当然，如果在 Alexa 助你一臂之力之后，你对她道一声"谢谢"也是人之常情。但是，我们应该正确看待这些数据。很多用户对 Alexa 发出求婚请求时并非抱着理性认真的态度；还有，亚马逊每次都让 Alexa 用当天发生的娱乐事件回复用户的"早上好"，其实是希望通过这种方式鼓励用户多向 Alexa 问候早安。诚然，无论我们是否能够理性地对待 Alexa，我们都得理性地承认一点，大数据已经对某个领域产生了深远的影响，这个领域是我们大多数人都已踏入已久的领域，且先于大数据步入网络世界很多年，它便是——社交网络。

社交媒体和社会进化

很少有人能够成为一名离群索居的隐士，孤独地生活。人类一直都需要社交。我们和朋友、亲戚、同事、点头之交的熟人、通勤时经常见面的人交往。然而，大数据将这一概念提升到了一个不同的层面。在过去，人类从未料想过社交媒体会对社会产生如此巨大的影响。

在我写这本书时，唐纳德·特朗普刚刚当选美国总统，很多新闻被认为是"虚假新闻网站"通过社交媒体炮制虚构的负面"新闻"。当然，一直有人试图利用宣传达到政治目的，特别是一些媒体被掌控的地方，这种情况时有发生。但在自由的世界里，媒体起到了过滤的作用，如果作用发挥得好，可以设法核实事实，并剔除彻头彻尾的谎言。然而，社交媒体没有这种过滤作用。更重要的是，我们更愿意相信和重视来自社交网络中的人的消息，而不是其他远程渠道所获取的消息——这种重视和相信也渗透到了大数据社交网络中。

社交网络中的虚假信息存在很多问题，其中之一就是社交网络中信息传播的速度比现实世界的传播速度要快得多。如果你在脸谱网上收到一条令人震惊的消息，只需点几下鼠标就可以上传到你的私人网页上。这种信息传播被描述为病毒式传播，看来并不是没有道理，因为它与引发流行病的病毒一样，是一对多的快速传播机制。

至少目前，我们的个人行动还没有赶上脸谱网、推特或其他网络社交平台的速度。我们大多数人都不具备在传播消息之前快速核查事实的技能，同时，也不一定能很好地应对这些系统所带来的广泛的网络社交圈。在现实世界中，我们的社交网络中仅有少量的亲密接触关系，一般只有六到十个，和另一层外围关系——"朋友的朋友"最多也就一百个左右。但是，大多数脸谱网的资深用户会有多达数百个"朋友"。

我们怎么能够应付数量如此巨大的网络社交呢？我们不能。但脸谱网消除了我们的担忧。我们所看到的内容权重是由脸谱网的算法决定的，这些算法保证用户信息保密，它们筛选了每个"朋友"输入信息的频率和重要性，然后再显示给用户。存在某种筛选当然是有必要的，但问题是，我们不知道这些算法如何运作或控制这种筛选机制，不知道脸谱网是否公平公正。想象一下，倘若未来脸谱网被某邪恶势力收购了，想插手国家选举，普通大众对社交媒体滚动的消息被操纵一无所知，这股邪恶势力岂不就掌握了主动权？

更令人担忧的是，大数据网络会干扰我们与他人的正常互动，降低社交能力，尤其对生活在社交媒体中的年轻用户影响极大。这些年轻人看手机的频率惊人，平均每天约一百次，许多人甚至在晚上醒来时还在查看社交媒体。

获取到某个消息常常给人带来愉悦感，释放多巴胺来刺激我们大脑中的某个部分——就像我捕获到某物获得快感一样——这大概也和我们起源于以狩猎为生的动物有关系。但是，社交媒体（信息源源不断地涌入我们的生活）和手机（信息可以随时访问）结合在一起，让人上网成瘾，成为低头族。当我们频繁地释放神经递质多巴胺时，大脑的敏感度就会降低，所以我们需要更多多巴胺的刺激，这样就会导致我们短时间内频繁查看手机上的社交媒体。

一直以来，人们都习惯于批评年轻人注意力不集中。社交媒体对年轻人注意力的影响是很明显的。如果给学生布置了一个必须在十五分钟内完成的任务，哪怕学生知道这个任务很紧急，他们也会很快分心，平均三分钟左右就转而查看社交媒体。虽然偶尔一心二用会有好处，但有研究表明，大数据系统吸引所致的一心二用会降低大脑的任务处理的能力，导致明显的能力退化。

大数据模式往往是有利有弊的。那么，社交媒体有没有什么好处呢？

喜欢也好，讨厌也罢

不管前一节提到什么，我承认自己是社交媒体的资深用户，在脸谱网和推特出现之前，我就已经开始使用社交媒体了。写作是一项孤独的工作，我经常在家工作，没有办公室工作的社交圈子。从一开始，我就受益于在线论坛，在那里作者可以分享经验并相互支持。大约十五年前，我加入了一个由作家协会建立的在线论坛，名为"作家交流"。虽然这个论坛已不复存在，但我至今都还和当时论坛里认识的一小部分朋友保持着联系（我们现在是通过脸谱网联系的）。他们中的某些人偶尔会碰碰面，虽然我一次也没有见过他们，但是这种社交联系给我带来了明显的收获和好处。

同样地，我在工作中使用脸谱网和推特，这是我与读者交流和分享的好途径，也是我与合作的科学家、科学作家以及出版商互动的好渠道。无论是专业的支援团队，还是保持工作联系的合作伙伴，通过网络社交媒体和他们联系应该都不算是滥用社交媒体。但我还是得加强自律，不能使用得太过频繁。一个人使用电脑工作的时候，真的很容易走神分心，切换到脸谱网看看最近又发生了什么。

大数据具有侵入性，这是其弊的一面，要在利弊之间取得平衡，需要意识到潜在的问题，并有意识地采取行动。只要你意识到这些问题并加以控制，你就有可能在社交媒体上做到两全其美。关键一点，不要让大数据控制和驾驭你和你的设备。

要让网络社交媒体为你服务而不是驾驭你，首先得承认问题存在。只要我们意识到大数据利弊皆有，只要我们行动得当，大数据就能帮助人类解决问题，发挥积极的作用，产生积极的影响。

5

解决问题

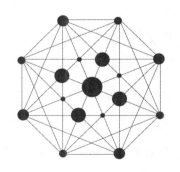

▶▶▶

走进欧洲核子研究中心的"兔子洞"

大数据最主要的载体之一万维网，是由欧洲核子研究中心实验室开发的。网络这样强大的数据工具出自一间实验室，而非出自IBM 或微软这样的软件专家之手，似乎有些说不过去。事实上，这是说得过去的。位于日内瓦附近的这个跨国核研究中心是大型强子对撞机（LHC）的所在地。大型强子对撞机参与大型实验，通过高速质子束相互撞击的方式发现了希格斯玻色子。欧洲核子研究中心的大量实验，尤其是那些使用大型强子对撞机的实验，都需要处理大量的数据。像欧洲核子研究中心这样的实验室，在处理和分析大数据方面非常专业，就如同其在粒子物理学领域一样专业。

仅大型强子对撞机实验每年就会产生大约 30 拍字节的数据。虽然"只有"谷歌的三分之一，但这已然是一个惊人的数字，要知道，这也只是大型强子对撞机输出数据的一小部分。当对撞机的大型探测器发生碰撞时，会产生大量的粒子喷雾，每一个粒子都有进一步衰变的潜力，每秒产生大约 6 亿个事件或需要存储25 G 的数据。

即使是欧洲核子研究中心的系统也无法每秒存储 25 G 的数据，因此需要使用算法来挑选出可能有用的数据，首先将每秒 6

亿个事件减少到 10 万个，然后进一步减少到每秒 100 到 200 个。之后，数据被分配到世界各地，供各种计算机在缓慢的筛选和分析过程中使用。一个典型的例子就可以说明数据筛选和分析有多慢。2010 年研究人员就已开始收集发现希格斯玻色子的数据，但直到 2012 年才宣布研究结果。

字节大小

计算机存储通常以字节（bytes）为单位，一个字节由 8 位 0 或 1 的二进制数组成。一部手机通常有 8 G 到 128 G 的存储空间，1 G（1 gigabyte）大约是 10 亿个字节，说"大约"是因为 1 千字节（1 kilobyte）确切来说并非 1 000 字节，而是 1 024 字节，即 2 的 10 次方。在这种情况下，1 兆字节（1 megabyte）指 1 024×1 024 字节，以此类推。一台个人计算机可能有 1 太字节（1 terabyte），大约 1 万亿字节。

下列英语前缀通常放在表示字节数量的词中，表示字节数量成倍数增加：

kilo——1 000

mega——1 000 000

giga——1 000 000 000

tera——1 000 000 000 000

peta——1 000 000 000 000 000

exa——1 000 000 000 000 000 000

发现希格斯玻色子纯粹是一个大数据事件，没有人看到希格斯玻色子，甚至没有人探测到希格斯玻色子的存在。根据大型强子对撞机的海量信息流，研究人员假定希格斯玻色子会衰变为某些粒子，而这些粒子的数据集合证明了希格斯玻色子的存在。尽管这一发现背后的物理学原理复杂而晦涩，但这一发现还是在全世界引起了轰动。

收获大数据宝藏

粒子物理学是人类研究拓展的新领域，而大数据涉及人类最古老的科学——天文学。虽然像欧洲核子研究中心这样的组织很早便认识到大数据对其研究的重要性，但很多其他领域却并非如此，很多还未使用过大数据。大数据的使用和计算机的使用不是同一回事。早在二十世纪七十年代我学习物理时，计算机就已经开始崭露头角了，然而当时人们并没有像重视物理学科那样重视数据管理，有些人甚至以为使用数据是不对的。

前数学家、对冲基金公司文艺复兴科技创始人、亿万富翁詹姆斯·H. 西蒙斯（James H. Simons）在纽约创立了一家名为"熨斗研究所"（Flatiron Institute）的机构，致力于用大数据的精妙算法推动科学发展，该研究所首先着手研究的领域是天文学和生物学。西蒙斯曾经指出，在科学研究中，计算机编程工作大多数交给专业素养不高的研究生完成（当然，欧洲核子研究中心的蒂姆·伯纳斯·李是个例外），他们"多半不是优秀的程序员"。事实的确如西蒙斯说的那样，并且很多软件往往只使用一次便丢弃一旁了。

要最大限度地有效利用大数据，编码人员需要具备专业的计算机知识，然而大学物理系或生物系却很少有这样的专业人士，西蒙斯希望自己的研究所能够改变这一现状。生物学中有一个研究就需要使用大数据，这项研究要从插入动物大脑的探针中收集电流信号并开展分析。许多大学都正在开展此类研究，但是每一所大学都使用自己编写的软件来处理数据，而且这些软件大多是业余爱好者编写的。西蒙斯的熨斗研究所已经开发出一款软件，能够将许多研究小组的数据整合在一起，这将有利于更好地开展科学研究。

西蒙斯认为科学家不能像编码人员一样操作数据用以研究大脑，他的这一说法可能会引起某些科学家的不满，但是有些科学家是认同这个观点的。哥伦比亚大学的爱德华·梅里克斯（Edward Merricks）从事的正是大脑研究项目。梅里克斯认为"让具有专业素养的编码人员参与是非常好的想法"，但同时他也指出，只有科学家和编码人员一起密切合作，编码人员才能发挥其作用。他认为："如果计算机程序员不与从事大脑研究的科研人员合作，而是单独处理研究数据会存在问题。因为真实的数据集常常会有例外的情况出现，这些情况很可能没有先例，也不是单纯的程序问题，只有具有生物学研究基础的专业人士才能判断处理。但是，如果程序员和科研人员一起合作，这就不是问题了，行业内统一使用标准化的分析程序是一件非常好的事情。"

再看看另一个完全不同的研究领域——天体物理学。天体物理学家不能直接在恒星上做实验，只能依靠计算机模拟超新星的形成、黑洞之间的相互作用、星系的形成以及其他复杂的计算问题。熨斗研究所也开发出大数据方法助力天体物理研究，这是单单靠天体物理学家的努力所不能做到的。

熨斗研究所和欧洲核子研究中心都致力于把大数据应用于大型的研究项目，但是这些项目都是单个的"点"，其实，大数据分析可以应用于更广泛的"面"，为人类造福，比如：使用大数据提高汽车的性能。

更好的驾驶体验

如果你开的是一辆现代化的汽车，车上会装载一台高度电算化的设备。在引擎盖下和机舱内，计算机一直在监测发动机的性能，甚至还监控其他的系统。汽车的许多控制装置也通过这些系统运行。然而，我们大多数人看不到这一切，只能看到仪表盘灯上显示的数据。

车辆入库检查时，第一步就是连通车里的计算机接口，让车库系统能够看到车辆相关数据。从理论上来讲，更多的关于驾驶的数据也可以被利用起来用于了解车辆状况。此外，车主还可以购买附加设备，通过智能手机与汽车的计算机界面进行交互。然而除了如特斯拉电动汽车等高科技汽车的制造商外，大多数汽车制造商似乎都在想尽办法避免让车主获得过多的数据。

毫无疑问，计算机系统用处很多，除了能够远程控制汽车车锁、灯光、发动机启动外，还可以监控汽车燃料的使用和排放情况，向内置监控发送信息（例如油量状况等）确保你的汽车（汽车是大多数人买到的最复杂的机械工程设备）处于良好的运行状态。这些数据和全球定位系统数据相结合，还可以推断出驾驶风格、燃油经济性、车辆可靠性等各种信息。

有时，汽车的部分数据也会被利用，例如保险公司打算给驾驶状况良好的司机降低保费时，就会通过安装在车内的一个"黑盒子"查看数据。但是，总的来说，利用汽车数据的情况非常少见。为什么汽车公司不愿意数据被访问？这个问题的答案我们只能猜测，我想这可能和大公司习惯于锁定自己的软件访问权限有关，就如同电子音乐播放器通常依赖某款专用软件（例如iTunes）锁定访问权限一样；也有可能汽车制造商并不希望消费者了解汽车性能和可靠性的相关数据。

　　然而，我们会掌握越来越多的数据，这一点是毋庸置疑的。十年或二十年后，我们一定会更好地利用数据为自己服务。到那时，数据不仅能够提升我们的驾驶体验，例如，利用算法比较出汽车刹车预警系统的优劣，还能够预测所有同类汽车的部件损伤情况并作出全面的技术指导。从某种意义上说，汽车将会赶上人类。其实，别说汽车，就连随身测量健康数据的技术都已然成为大数据革命的成果之一。

可随身的健康数据

　　无论你使用的是 iWatch、Fitbit，还是其他随身监控监测设备，监测心率、血压以及一整套健康数据的可穿戴技术已悄然走近我们的生活，变得越来越普及。

　　监控自己的运动表现是一件充满乐趣的事情，尤其对于喜欢运动和锻炼的人来说，乐趣就更多了。一旦来自各种设备的数据被用以分享和比较，大数据就介入其中了，大数据会给用户描绘出宏大的数据图片。通常分享数据是用户自愿的，分享的好处颇多，例如：你的运动表现可以被纳入某个宏观的体系中参与比较；提示你存在哪些健康隐患；为你打造量身定制的锻炼计划；等等。

　　虽然随身监控设备通常针对的是健身市场，但是这些设备的日益普及说明一点：医疗领域大数据的应用正日益增多。

解决最大的医学难题

在现代我们一般把医学看作科学的一个分支，然而，在古代两者之间没有太多的交集，当时的医学治疗主要依靠的是医生口口相传的经验和患者不可把握的运气，而不是科学的数据。即使在现在，医学界都很少使用"循证医学"（在这里，"循证医学"是相对于"医学"而言的一个术语）这个标签。但是，随着大数据的出现，一切正在发生改变。

医学研究人员面临一个问题，不能把人封闭在一个箱子里，使其隔离开来，不受任何影响，因此虽然我们有大量的言论谈及哪些食物或生活方式对健康状况有改善，但其实我们很难确定到底这些食物和生活方式是如何产生影响的。我们可以说与苏格兰人相比，生活在地中海地区、饮食习惯为地中海饮食的人患心脏病的可能性更小。这似乎就意味着，橄榄油吃得越多，越不可能有心脏问题。但是，我们不能说橄榄油就是降低心脏病患病可能的原因，因为还有很多其他因素存在，我们无法了解和掌握。

这是一个古老的话题，归结起来就是"相关性不等于因果关系"。AB 两个事物可能同时上升或下降，但仅仅靠这一点，是不能得出结论说 A 导致了 B。例如，在"二战"后的好几年里，英国的怀孕率与香蕉的进口量似乎有所关联，二者上升和下降的变化趋势保持一致。但是吃香蕉并不能导致怀孕（这是显而易见的），很可能是因怀孕的人喜欢吃香蕉而增加了香蕉的消耗，更可能的是其他因素对两者产生了影响，比如家庭收入等。因此，我们不能认定因为两件事在某种程度上是相互联系的，所以其中一件事便导致了另一件事的产生。

目前，在医学研究中越来越普遍的一级大数据研究方法是元研究（meta study）。举个例子吧，如果要开展一项关于个人饮食和健康的研究，很难有足够多的参与者提供高质量数据，也很难找出因果联系。但数据越多，推断就越可靠，就越有可能把控其他一些潜在的原因。元研究综合了一系列现有研究的成果，通常根据数据的质量进行加权。这种大数据方法颇有成效，例如，发现了许多替代药物并不比安慰剂好，或者发现某些特定的饮食对健康有益等。

然而，大数据在医学领域的应用才刚刚开始，目前，大多数的医疗数据都是碎片化的，患者的医疗记录只限本地使用，不能共享。像医院这样的机构有一些全面的数据，但这些数据往往被保留在一个特定的机构，不利于分享。其实，分享医疗数据可以提高现有治疗手段的有效性并有利于开发新的治疗方法，分享越多，好处越多。

医疗数据是极其敏感的，需要谨慎处理，很多时候还需要匿名使用。即使知道分享数据有切实的好处，但是很多病人还是不愿交出数据。当然，这是可以理解的。有些人要么不相信参与研究的相关人员，要么不理解数据匿名化的内涵。在一项针对 2 000 名患者的调查中，约 17% 的人表示，他们永远不会同意将自己的匿名数据以任何理由分享给第三方。2016 年 2 月，谷歌的人工智能团队"深思"（DeepMind）与伦敦皇家自由医院（Royal Free Hospital）合作开展研究，收集了 160 万份病人数据，研究通过大数据筛选出有患肾病风险的患者。但是，由于没有提前告知病人其数据要用于研究，该项研究曾受到强烈的媒体谴责。

如果事先告知病人其数据具有医学研究价值，例如，可以为算法提供基准以检查出肾病风险等，并征求病人同意匿名使用，很多病人可能愿意提供其数据。"深思"的问题出在谷歌的研究人员想当然地以为自己可以访问完整的非匿名记录。谷歌为了推销自己的研究成果还设计了一个患者门户，病人和医生都可以通过这个入口访问其所有的医疗记录并且添加数据——谷歌似乎没有料想到病人其实并不愿意这样做。

如果公布数据会让医院形象受损，医院方面可能也不会愿意分享数据。此外，医学大数据还有被滥用的风险，这和我们下一节要谈到的保险有关。即使有这样那样的问题，我们也应该认识到，如果控制得当，大数据对医疗领域工作方式的改变和影响是其他任何事物都达不到也带不来的。大数据让药物更快地走向市场，让疗法更好地被有效开发，更重要的是，让更多的生命得到拯救。虽然医疗数据的使用应该慎之又慎，但这并不应该妨碍人类在医疗方面取得极其宝贵的进步和发展。

大数据在医学领域的应用还有一个问题，即如何克服人类基因组计划的负面影响，让人们能够正确认识这一研究。人类基因组研究是一个巨大的工程，开始于1990年，好像已在2003年完成。我用了"好像"一词是因为基因组——个体的完整DNA代码，或者在这个研究中是许多个体DNA的一部分——在宣布完成时其实并没有百分之百完成。没有完全完成的原因有可能是因为某项商业项目向这一国家资助的研究项目发起了挑战，两个项目间竞争激烈，急于收工。（最终竞争双方在同一时间宣布了研究结果）。

人类基因组研究项目被吹捧为医学上的重大突破，能改革传统的医学实践，对个体开展针对性的治疗。当然，这项技术也在进步，绘制人类基因组图的成本从最初的每人30亿美元下降到不到1000美元，但是该项技术却很少带来实质性的医学成果。虽然大多数从事该技术研究和操作的医学工作者相信疗效不能只看短期，但他们也承认可能需要长达几十年的时间，该项目才能对医学产生实质的影响。医学大数据项目缺乏立竿见影的治疗效果，公众可能会对其产生重大怀疑。

毫无疑问，从长远来看，大数据可以解决医学难题，改善医学，提高病人的生活质量，好处是显而易见的。然而，大数据在解决其他行业的难题时，好处就不一定这么明显了。不仅好处不明显，还有可能会导致非常复杂的结果，这一点在保险行业就表现得很充分。

我能购买保险吗？

2012 年，欧盟裁定，对男性收取的保险费高于女性体现了性别歧视，顿时引发舆论热议。男女保险费收取不一的现象曾经比比皆是，原因很简单，有数据显示：男性司机驾车时的风险远远高于女性司机，因此男性司机往往被收取更高的保险费，最高达女性司机保险费的三倍。此事件反映出在大数据决策中道德维度何其重要。一种算法并不能作出道德的判断。迄今为止，我们都还在致力于找寻合理解决这些道德问题的方式。看看以下三个例子吧，在一场有关大数据和道德的游戏战中，大数据"赢"还是"不赢"？

首先，让我们回到有关欧盟裁定保险费收费标准的案例。有人可能因为欧盟的一纸裁定不得不为其两个女儿支付更高的保险费，这笔费用可能还远高于以前的标准，对此他可能认为收费不公。欧盟让收费统一就真的公平吗？诚然，仅仅因为性别因素而对男女司机加以区别对待的做法多有不妥。但是，强有力的证明显示男性司机危险驾车的风险远远高于女性，为了摒弃所谓的"歧视"便将女司机的收费提高以达到男女统一难道就真的公平吗？很显然，保险公司应当对那些置别人安危于不顾的人加价收费。换个角度说，保险公司收费一视同仁看似公平，却正在"歧视"那些遵纪守法、谨慎驾驶的司机。

第二个例子也是有关汽车保险裁定的，你可能认为这个案例体现出一种"歧视"，或者你可能认为这恰恰体现的是一种"公平"。保险费的收取不能仅仅以性别和年龄为依据，还有一个因素也常常被提及——车主居住地。一辆来自斯温登乡郊小镇的车遭遇撞车事故的概率显然低于一辆来自伦敦市中心的车，因此，保险公司对斯温登司机收取的费用低于伦敦司机似乎名正言顺。

但倘若同一个城市有两辆一模一样的车，情况如何呢？一辆车的车主居住在道路畅达的卫星小镇，而另一辆车的车主居住在路况较差的市政公房区。从数据来看，后者车辆损坏或被盗的可能性远高于前者，似乎对其收取更高的保险费也理所当然。但问题是我们现在的量化指标——邮政编码——和财富多少息息相关，在某些地区还和种族因素关系密切。毋庸置疑，某人仅因为财力或种族的因素而被收取更高保险费是不合理的，有人也强烈反对以邮政编码为依据收取保险费。然而，虽然这里不存在种族偏见和财富偏见，其中各种因素也不存在必然的因果关系，但它们却可能存在某种隐形的关联。倘若保险费在高风险区域没有涨价，我们可以推断对低风险区域的司机收取同样的费用实际是一种对其收费过高的不合理行为。这是一种没有赢家的局面，很难决策。有人可能会说，降低市政公房区的各种风险就可以解决这个问题了，但对于保险公司而言，面临的难处是必须面对境况"不公平"的两方，同时找寻到更为"公平"的解决之道。

本节最后一个例子让我们来看看人寿保险。我们大多数人都接受认可了保险公司的做法，如果一个人被诊断出患有心脏病，或者其父母有一人死于心脏病，保险公司应当在其购买保险时涨价。但是，倘若你认为一个住在市政公房区的人不应当支付比他人更高的保险费，那一个人受到无法控制的疾病影响为什么应当在投保时遭遇区别对待呢？这两种情况有什么区别呢？如果医学数据可以左右保费的高低，涨价与否，那我们如何划定一个明确的界限呢？哪些情况应该涨价？

如果一个人确诊疾病，很有可能将不久于人世，保险公司可以拒绝接受其投保，也可以大幅提高保险费，这另当别论。但我们是否应该允许保险费因某些概率性事件而上涨，比如，基于父母死因而上涨？目前，大多数保险公司还把投保人详细的基因数据列入收取保险费的依据，但应该列入吗？还有，如果仅仅因为一个基因标记就觉得某个人可能英年早逝，而向其收取更多的保险费，其他投保人意识到了这种行为并不公平，保险公司又应当如何向他们收取费用呢？

对于这些问题，我很难找到理直气壮的答案，就把它们留给大家去思考吧。要客观看待大数据给保险行业带来的影响，就应该去思考这些问题。现在我们转一个话题，来关注一下排名表。排名表对那些正在选择在哪儿读书的人来说可能是福利，但对那些评分排名靠后的机构来说则可能是一种可怕的负担。

更好的母校

每年我们都能看到各类学校包括大学的排名接连出炉，大家对此类信息感兴趣并不奇怪，毕竟家长和学生都想确保自己作出了最佳选择。在选择学校时，排名表上的一个好位置成为重要的营销手段。但问题是这些表格的本质是什么？作为终端用户，我们通常看到的就是列表和数字。然而，一所大学或学校的质量涉及一个复杂的体系，评估这个复杂的庞大体系并将结果简化为一个数字是极端危险的做法。而且有大量证据表明，生成这些排名的大数据系统可能很容易误导学生和家长。

　　首先，大学排名的标准应该是什么并不明确。标准是大学颁发一级学位的比率吗？但这是大学的自由裁量权，极易受到操纵。一些数据可以以一个简单的数值形式聚集，例如：师生比、课程参与率、授位率、半年内的就业率、毕业后的考研率，等等。然而，其他的一些数据可能更客观，比如学生的"满意率"等。

　　多年来人们几乎用尽了所有可以量化的标准，无论选择何种衡量标准，这些数字都会被集中到一个算法中，该算法通常隐秘地将权重分配给不同的衡量标准，然后得出决定排名的分数。结果很可能会给出宽泛的指标，但是一旦没有办法明确区分实力相近的竞争对手，某些细节就很可能被夸大。还有，如果没有一个强大的循环反馈系统，排名系统也就不会有很大的问题，例如大学入学申请状况将会受到排名系统输出的影响，而当年入学申请状况的好坏又将会反馈到第二年的数据中。说得更清楚一点，如果一家机构评分很低，很少有人愿意选择，倘若是一所大学的话，只能招到能力较差的学生，这些学生的数据又会进一步拉低这所大学的评级，因而进入一个恶性循环。

　　有些聪明的机构管理者意识到这一点后会和排名系统抗衡，为了提高排名，不惜绞尽脑汁改变基础数据。举个例子吧，以刊载在《美国新闻与世界报道》大学排行榜上的大学排名为例，这个最早的大学排名主要以学生 SAT（学术能力评估考试）成绩作为排名依据，SAT 考试是美国为了大学录取而针对高中生开设的考试。一些大学花钱让学生参加 SAT 补考，期望他们能够取得好的成绩来提高自身排名。还有一些大学的招数更厉害，直接报送虚假数据给调查机构。

当然，和排名系统抗衡的做法也不全是低劣手段，有的还能促进教学设施的改善或者教学水平的提高。例如，《美国新闻与世界报道》所采用的筹款方法就很好，一所大学通过投入更多的努力来筹集资金，从而改善大学设施，以此提升自己的排名。但是，一旦过度地关注排名，还试图操控排名，危险就来了。因为所有的精力都用在筹款上，必然会偏离重点，忽略对学生教育真正重要的工作，教学也会受到影响。

排名表颇有争议，还和金钱有关，有人说排名表没能体现学生需支付的费用。虽然有人会说大学的花费不应该成为影响排名的因素，因为大学越好，它自然越值得花费更多的金钱，但是这就和选择保险公司一样，没有人会不考虑成本便选择一家保险公司。《美国新闻与世界报道》上的排名并没有任何和费用相关的数据，对此我们只能猜测一下原因，可能是为了保证大学排行榜的可信度。

这就和品牌知名度一个道理。倘若你看到有关苹果笔记本和其他品牌笔记本的比较数据，上面显示苹果笔记本的各项指标都要差一些，你很可能会质疑这组数据的真实性和准确性。苹果公司的产品品牌知名度很高，每个人都"知道"苹果公司的产品质量可靠，是不错的选择，一旦有数据显示的信息和你的认知不一样，你便会对其产生怀疑。同样地，人们对于某些大学也抱有很高的期待。在英国，这些学校包括牛津大学和剑桥大学，而在美国则包括哈佛大学、耶鲁大学和普林斯顿大学等常春藤盟校。

在英国，因各大学之间的学费差别不大，学费并非学生在选择学校时的首要考虑。但是在美国，名牌大学以异常高昂的学费彰显出它们的声望，因此一旦高昂的学费对某所大学在排行榜上的表现产生了重大影响，便意味着常春藤盟校的排名可能将大幅下滑，这将降低排行榜整体的可信度。因此，简单的解决方案便是——忽略费用。

有人认为，近几十年来美国大学学费上涨幅度如此之大的原因之一是由于排名榜单中没有考虑学费因素。大学通过提高学费并将学费投入基础设施建设，还可以提升自己的排名。与此同时，辅导机构依靠帮助学生通过大学入学考试来赚钱，这些机构会针对排名算法开展逆向工程，应用算法专门选择那些可能为大学排名增光添彩的学生来辅导，而不是选择那些真正能从辅导中获益最多的学生。

人们很容易认为这正好说明大数据本身就存在问题，对决定选择哪所学校没有帮助，但事实并非如此。如果这些数据（理想情况下是涵盖更广泛的数据，包括收费水平等）可以提供给学生，而不是使用隐秘的算法将其转化为排名，那么这些数据很有价值，可能会对学生的入学选择起到极其关键的帮助作用。仅仅提供数据是不够的，大数据存在的意义就在于其无须协助便可作出评估，这一点超越人类。人类完全有能力生产出易于使用的工具，使学生能够根据自己的需求以不同的方式切分和结合数据。两个学业目标和成绩相差甚远的学生会在排名榜上作出完全不同的选择。排名榜将不再是一个单一的、负面的系统，转而成为真正帮助学生实现学业目标的系统。

学校或大学排名表所涉及的数据具有一定的主观性，因此要作出较客观的排名总是很困难的。但是，如果与实现民主的挑战相比，排名的难度就显得不值一提了。

民主是个问题

如果要找一个例子来展现大数据解决问题时需要对各个方面作出巧妙平衡，这个例子非民主问题莫属了。我们常常提及民主，却不知道它到底是什么意思。"民主"在字典上的定义可以被表述为"民主政府"———一种所有公民都参与决策的政府。一般来讲，让民众直接参与政府决策决定的唯一方式是全国范围内的投票——大选或全民公决。

然而，这些机制耗费颇高且效率低下，因此不能用于日常决策。为了表明立场，人类创造出"代议制民主"的思想并付诸行动，即选举一群人代表全体人民参与决策。毋庸置疑，这样的做法并不能准确地代表全民。你投票支持的代表们通常隶属于不同的政党，而这些政党往往都有各自的政见，因此不太可能在每一个重大问题上，这些代表的观点和你的个人观点相符。

如今，人类第一次拥有了可以帮助自己解决民主问题的技术。通过大数据技术，人类可以建立一个系统，首次引入真正的民主政府。在这个系统中，政府的所有决定都可以交予公众，让其直接参与互动，系统内应该存在制衡机制以确保公众所选之人能够履行承诺。既然我们有能力通过网络来即时掌控全国所有人的数据，这就说明利用大数据解决民主问题是切实可行的。

尽管这个想法在现实中还没有实现，但在许多科幻小说中已有描述，最有意思的当数约翰·布伦纳（John Brunner）1975年所写的一部具有开创性意义的小说《冲击波骑手》（*The Shockwave Rider*）。该书的书名受到阿尔文·托夫勒（Alvin Toffler）的著作《未来的冲击》（*Future Shock*）的启发。《未来的冲击》写于1970年，作者在书中预测了2000年的生活，但大部分内容偏离了主题。约翰·布伦纳的作品则更有新意，他在书中提到通过民众普遍可用的计算机网络和大数据建立一个系统，在这个系统中，民众可以在国家的指导下参与意见输入，这一点令人印象深刻。

有趣的是，布伦纳借鉴了美国"智库"兰德公司（RAND Corporation）提出的"德尔菲法则"（Delphi principle）。德尔菲法则提出让一个小组作出一个决定，决策的统计数据会反馈给小组，小组成员可以改变自己的想法，再集中再反馈，直至得到一致意见，这种集中和反馈过程可以经过几次迭代。有证据表明，对于某些需求，这种迭代式的"群众智慧"产生的决策往往会比单次投票产生的决策更好。布伦纳的小说中描述的投票方式能让民众有身临其境的民主感受，然而在现实中，德尔菲法则却不服务于真正的民主政府，而是受人所控用以控制民众。

因此，大数据有可能使真正的民主首次在全国范围内得以实现，然而人们似乎并不急于实现这一目标。有人可能会尖锐地指出这样做就是让民选的政治掌权者们选择自我毁灭，就如同让火鸡投票支持圣诞节一样。但也有人认为把控制权交给"大众"存在一个根本性的问题，"大众"不一定遵循专家建议的结果。2016 年，英国公投决定是否退出欧盟就是一个很好的例子。当时很多人就提出不能把如此重要的决定交给"无知的"民众决策。

在其他问题的重大表决上，过去也曾有过类似的反对言论，例如针对死刑的表决。英国在 1965 年废除了死刑，虽然公众的情绪已经逐渐转变为反对死刑，但在过去几十年里，这一决定并没有得到公众的普遍支持——如果采取了真正的民主决策，民众很有可能会让废除的死刑恢复。那些支持代议制的人实际上是在支持一种寡头政治，在这种政治体制中，权力掌握在少数人手中，支持代议制的人希望这部分少数人能够比大众更了解情况，作出更好的决定。

为什么民主问题能充分体现大数据的利与弊？对于这个问题，也没有一个明确简单的答案。可以说，真正的民主应该让每个人都能利用大数据直接参与决策，只有能为每位作出决策的民众提供足够的、及时的信息让其作出正确的决定，真正的民主才能令人满意。大数据既可以支持真正的民主也可以推翻真正的民主，但目前还未出现过类似情况。出于政治目的而使用的大数据需要深思熟虑。当数据和政治混合在一起时，"老大哥"[1]便有可能涉足其中。大数据的使用既可以带来更完善的政府，也可以带来极权主义的控制。

1　老大哥：big brothor，是乔治·奥威尔在他的反乌托邦小说《1984》中塑造的一个人物形象。——编者注

6

"老大哥"的大数据

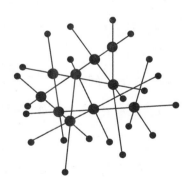

▶▶▶

祖先的大数据

用"老大哥"一词来比喻大数据的负面影响，我们应当联想到的是乔治·奥威尔（George Orwell）在其反乌托邦小说《1984》中描述的那位无所不在的暴君，而不是那个很火的真人秀节目《老大哥》。其实，人类担忧大数据产生负面影响可以追溯到更早的年代。大数据也许首次应用于人口普查。1753年，英国有人提出人口普查，但是英国国会搁置了这一提案，可能因为"人口普查"这个词在圣经中本就没有什么好意义——大卫王（King David）因人口普查激怒上帝，遭受了瘟疫的惩罚，而罗马通过人口普查确定了耶稣（Jesus）的出生地，间接导致了希律（Herod）滥杀无辜。当然，也有可能是政府和民众对于如何使用人口普查数据都有现实的担忧。

从政府管理来看，虽然人口普查数据非常有用，但统计的信息会有泄露给他国，特别是敌国的危险。瑞典的首次出生统计数据发布于1744年，但是请注意，统计的城市名乌普萨拉（Uppsala）被刻意隐藏了。英国民众也有同样的担心，一旦国家对自己有了更多的了解，很可能就会招来更繁重的赋税，还有可能为武装部队提供了征召年轻人的便利，迫使他们不得不离开家庭农场和家族产业。直到 1800 年，英国出现全国性的食物短缺危机，1801 年人口普查才有了必要。

人们会把人口普查看成既邪恶又必要的存在。无论如何，大数据在人口普查中扮演着重要的角色，表现也是显而易见的。但是，有时候"老大哥"的操作却不那么明显，甚至还十分"狡猾"，比如他在智能电表中的表现便是如此。

智能电表的尴尬

表面上，终端用户花钱购买大数据带来好处，事实上，某个公司却暗中获利。这种看似不存在的操作却在智能电表中体现得最为明显。

传统的电表只具备测量用户用电量的单一功能，由于装置在用户家里，所以电力公司不得不专门派出抄表员上门服务，查看电表，开出账单。现在，很多家庭都安装了新一代电表——智能电表。英国目前正在实施一项耗资巨大的重大工程，其目标是到 2020 年让超过 2 600 万户家庭用上智能电表，这项工程的推广宣传语令人印象深刻。

宣传语的大意是：智能电表既节约能源，又能削减用户开支，原因是它能精准显示用户用电量及电费，促进用户节省和降低电能消耗，并且它能利用特殊税费，提供一天内不同时段较便宜的能源选择，帮助细心的用户削减电费支出。当然，这并不是智能电表受能源供应商欢迎的原因。

实际上，大数据技术给电力公司带来的好处更多。智能电表的出现意味着电力公司不再需要雇佣抄表员，从而降低了成本。同时，虽然电力公司宣传的是让客户节省电费，但智能电表所提供的可变电价很可能会把用户弄得晕头转向，电力公司便可在用电高峰期提高电价以获得更大利益。

用户并不是不能通过智能技术受益。下面比较一下智能电表和用途更大的智能技术产品吧，比如智能恒温器。智能恒温器这样的设备将所有的智能化应用都集中在客户利益上。客户可以直接从手机获取数据控制恒温器；恒温器可以探测到房子什么时候没人住，然后自动减少供暖。从消费者的角度来看，它确实很"聪明"、很智能。

智能电表是一个很好的例子，说明"老大哥"的大数据应用只带来相对片面的好处，并不受消费者青睐。但是，如果用户真的获得了好处，也很可能出现其他问题。看看亚马逊的 Echo 设备就知道了。

Echo 为你倾听

毋庸置疑，Echo 给广大用户带来极大的乐趣。在写这本书的时候，我与 Echo 的 Alexa 展开了数月的互动交流，无论我想收听广播、聆听音乐还是快速获取信息，我都会自然而然想到它。虽然在人们能够随手开关灯时（除非手不空），Echo 的智能价值体现得并不明显，但是隔着房间能开关灯，或者在黑漆漆的夜晚回家时自动开灯，这些智能技术的价值就得到了体现。然而，因为 Echo 一直在为你倾听，所以大数据"老大哥"就存在于此了。

当你使用"嗨，Siri"或"好的，谷歌"等命令指挥智能手机时，同样的问题也存在。为了捕捉到你突然发出的指令，智能手机必须听清你说的每一句话，确保这种过度窥探不会被滥用是幕后公司的责任，但从历史上看，美国大公司并没有因公平对待客户而成为过行业楷模。亚马逊、苹果和谷歌都宣称自己的系统不仅不会时时跟踪用户的每一言每一语，还会提供一种机制来暂时禁用监控。我们不得不选择信任这些公司，因为只有这样，才能让自己感到没有受到"老大哥"的监控。

有一点可以肯定，每次用户向 Alexa 发出请求时，这段语音都会被储存到亚马逊的服务器中。你可以选择删除它，但在默认情况下，它会一直保存在那里。如果是这样，那还好。但是，诱惑是无处不在的。我们已经看到，通过跟踪用户的网络点击记录，广告是如何锁定其目标的。想象一下，如果亚马逊公司某个人头脑发热，认为监听某人在家里的所有对话有利于营销并付诸行动将会导致什么后果。下次某人访问亚马逊网站时，系统会自动利用收集到的信息为其提供特价优惠，并趁机推广新产品，这一切难道不可怕吗？

终端客户需要永远意识不到这些。再举个例子。也许某天你在看电视时随意对一旁的 Echo 评论了几句你的沙发坐感不佳，几天后，你访问亚马逊网站时，系统一定会自动弹出很多舒适沙发的信息以及诱惑人心的报价。这时，你并不会想到为什么会出现这些图片和信息，可能只会感觉这些东西对你很有用处。然而，如果了解了这背后的一切，你可能会感到很不舒服。当然，遇到这种情况你完全有权选择购买与否。相比之下，下面的情况就复杂了。

在某次谈话中，你可能提到急需一些清洁用品。几分钟后，你便去亚马逊订购。价格不是问题——清洁产品价格不高，你想的是如何快速地拿到手使用它。这时，你可能根本没有注意到，亚马逊对这款产品的定价比正常价格高出了 20%。可变定价是真实存在的，并且现在非常常见。比如，优步（Uber）在订单较多时，会向你收取更高的出租车费用。咖啡店则会采用一种更复杂的可变收费策略，对"优质"拼配咖啡加价，其实咖啡成本可能压根儿没有任何差别。如果你认为可变收费和加价收费无可厚非，但是，你能接受亚马逊所收集并使用的信息来自私人对话吗？

　　再看看更为复杂的情况。你的亚马逊 Echo 设备无意间听到了一些关于超速罚款的对话。驾驶者的驾驶执照已经有了很多扣分，如果这次再受处罚，就有被吊销驾驶执照的危险，因此你决定代为受罚，为其承担罚款。这样做是非法的，但是并没什么太大的风险，并且你也认为这样做并没有什么错。可是，你可能不知道，最近亚马逊与政府达成了一项协议，旨在警示民众不要替他人交付罚款或接受其他处罚，如果你执意替人支付罚款，则会被带到法庭，你的谈话录音也会被用作法庭证据。

　　你允许他们这样做吗？以前的观点认为，如果你没有做错任何事，就没有什么可害怕的，但即使你真的没错，这样的做法也太具侵入性。但是，换个角度想，如果这个系统用于发现恐怖组织并记录下其成员讨论杀害无辜民众的阴谋，那么这样做还是问题吗？Echo 是否真的记录过这样的谋杀阴谋呢？这听起来似乎是小说里才会发生的情节，却真的在现实中发生过。2015 年 12 月，美国警方传唤亚马逊，原因是在阿肯色州本顿维尔的一个热水浴缸附近发现了一台 Echo，一名叫维克多·柯林斯的男子被人掐死在浴缸内，这台 Echo 的主人詹姆斯·贝茨被指控谋杀。警方希望查看从案件发生那一刻起亚马逊可能持有的任何记录。虽然当时亚马逊拒绝了警方的要求，但是还是不得不在 2017 年 1 月提供了数据。

如果你认为亚马逊拒绝警方的要求是错误的，那么正确和错误的界限应该划在哪里呢？怎么划分正确和错误才不至于荒唐呢？例如，亚马逊向毫无原则的政府提供证据，证明你违反了新颁布的法律，不应该侮辱总统的发型，算不算荒唐呢？很显然，倘若没有明确的正误界限之分，照此发展下去，大数据的应用将会一路滑坡，越滑越远。

亚马逊、苹果和谷歌并非自愿与政府共享信息，美国政府曾要求苹果公司解锁一名恐怖分子嫌疑人的手机，遭到苹果公司拒绝，还有 2016 年的亚马逊案都充分说明了这一点。但是技术的发展让监视变得容易，我们必须依靠公司的道德标准来确保自身安全。与大数据直接打交道带给我们好处，同时也可能让我们很多人付出代价。这就如同我们每天和汽车、飞机打交道一样。毕竟，我们每天都把自己的生命托付给汽车和飞机制造商，因此在大数据的问题上，我们也需要保持头脑清醒，下定决心让自己抱以更开放的态度来面对这一切。

倘若你的老板是大数据

在前面某一章节中我们提到过优步。如今，优步与一批支持"零工经济"（gig economy）的公司涌现出来，它们和大数据关系紧密。在这些公司中，大数据不仅仅用于定价或管理客户关系，还掌控着公司员工的工作方式。实际上，大数据已然成为这类公司的"大老板"。零工经济公司正在成为一个逐步壮大的产业。据估计，仅在美国，约有八十万人通过零工经济公司赚钱，这个数字还有增长的趋势。单是优步，在全世界就拥有超过一百万的司机。

众所周知，任何面对客户的工作都会有高峰期和低峰期。在过去，这些问题是基于历史数据、通过当班时间登记表来解决的。举例来说，大多数餐厅在下午四点用餐低峰期登记的员工人数可能少于晚上八点的用餐高峰期的员工人数。较之周一，大多数商店都会在周六安排更多的销售助理等。然而，有了大数据，登记过程可以变得更高效，公司每分钟都能对实际需求作出反应。这对公司来说是好事，但对员工来说却可能是灾难，工作时间不满意，工作安排不规律，还会导致收入减少。

以工作安排不规律为例。如果你有规律的轮班模式，计划工作之外的生活就很轻松。如果当班时间登记表由大数据驱动，那么当班时间便可以根据情况的变化随时修改。天气预报说天气不好是否意味着你的产品销量会增加，或者是否意味着光顾你餐馆的顾客会减少？没问题，明天换班吧。你的生意最近受到了社交媒体的关注？好吧，今天晚上最好再找些员工来。在这样的情况下，员工们只有手中攥着一份，能保证其基本的工作时长的合同才会安心，否则他们可能会因为工作时长不够而没有足够的钱支付租金，遭受数周的痛苦。可以说，公司在这种"高效率用工模式"中节省的每一分钱都来自员工的口袋。

一些制造商喜欢采用一种名为"准时制"（Just in Time）的方法来运作企业，"准时制"最先由日本人倡导，其英文简写为JIT。在这种制度之下，公司只会在需要的时候才会采购物资，例如大量的零部件等。"准时制"要求企业必须快速反应，且只在使用之前很短的时间内才从供应商处引入物资，这样持有库存的成本就转移到了供应商那里。实际上，"零工经济"和"准时制"一样，可以让员工在接到通知后立即投入工作，但是这种便利的代价就是公司员工的生活被打乱。

或者，更确切地说，这种便利的代价是非雇佣的生活被打乱。因为零工经济公司降低成本的方法之一是将员工视为个体经营者，这意味着公司没有医疗开销和假日工资等日常开支。员工（抱歉，应该称"自由职业者"更合适）与公司之间的这种零工关系，只有在大数据系统的支持下才有可能实现，因为大数据系统采用的是可变定价，能够让任务轻松、快速地分配。

2016 年 8 月，曾发生优食（UberEats）快递员抗议事件。优食是优步公司旗下的子公司，主要参与美食递送行业的竞争，其竞争对手包括英国高端美食递送服务公司 Deliveroo 等。优食公司对待快递员的方式有些糟糕，并没有体现出一家依托大数据的公司有什么优势和好处。快递员最初的工资是每小时二十英镑，这份高薪非常诱人。但没过多久，"你将得到多少报酬"的算法变得复杂起来，每笔订单的送货费变得越来越低，每千米的送货费也变得越来越低，高峰时段的奖金也越来越少，等等。而且，基于数据流来安排员工工作，很容易把员工当作"准时制"里的零部件，需要的时候才利用，一切为"效率"服务。

这引发了很多法律投诉，投诉者的诉求是要求优步保障司机拥有和普通雇员一样的就业福利和固定时薪，无论这些司机是否获得了系统分配的工作任务。由于司法审判和政府调解的介入，这些劳动纠纷的最终结果很可能有两种，要么坚持零工经济公司的模式，要么回到传统公司的雇员模式。

零工经济并不是本质上就不好。作为一名自由撰稿人，我的工作也是零工经济的一部分，与我以前从事的传统模式下的工作相比，我更喜欢零工经济模式下的工作。区别在于，现在我真的是在为自己工作，为大量的公司提供服务。我拥有相对稀缺的技能，可以挣到足够的钱来维持生活，而且我不依赖算法分配任务，自己可以联系任何喜欢的报纸、杂志或出版商。当然，这种工作模式和传统工作模式相比存在更多的不确定性，我也承担了更多的风险——和零工经济的其他自由职业者一样，我没有假日工资或病假工资。但我确实从真正的自主经营中看到了拥有灵活性和自主权的好处，而那些受大公司摆布的人却只能看到其负面影响，得不到任何好处。

很多大数据就业模式都和评价系统有关。其实，评价系统也存在着缺陷和风险。人们习惯于随意地评价自己所经历的人或事，评价对象可能是网上购买的某个产品，也可能是去过的某家酒店或餐馆。类似猫途鹰旅游网这样的网站的评价机制发挥着巨大的影响力——实际上，数据起到了过滤的作用，在人们访问某网站前进行一次过滤。出租车公司优步进一步提升了整个评价系统，在优步的系统里，顾客可以为司机打分，司机也可以为顾客打分。

编剧查理·布鲁克（Charlie Brooker）在他的系列电视剧集《黑镜》（*Black Mirror*）中用近乎不合逻辑的大胆手法描述过评价机制所带来的风险。在《黑镜》的"一落千丈"这一集中，主人公生活在一个全民评分的社会，每个人都在不断地给他人评分，而评分会影响到一个人能做什么、能去哪里。在机场发生的一场争吵导致女主人公评分陡降，彻底崩溃——她最终发现自己完全释然了，不再关心任何评分。

显然优步并没有那么糟糕，然而也不可避免地存在为了自身利益而进行虚假互评的行为。有证据表明，有些评分会产生意想不到的后果，因为进行评价的人有可能不了解某些价值观的含义，或者那些设计评价系统的人不够了解大众。英国有研究表明，人们在填写满意度评价的时候不太可能使用最极端的"最差评价"和"最佳评价"，所以在调查客户满意度时，优步五星评价系统里有四颗星就应该代表客户认为服务"好"，甚至"很好"。然而，优步公司却认为可接受的最低平均评分应该是 4.6。任何低于4.6 的分数都有可能让优步司机丢了饭碗，这样一来，每一个代表顾客满意点赞的四星评价都有可能转变成优步司机的麻烦和拖累。除此之外，个人偏见也可能对评价产生影响。优步的数据目前还没有用于研究，但一些拥有类似评价系统的公司已公开了自己的数据用于研究，例如在线住宿租赁公司爱彼迎（Airbnb）。美国的一项研究发现，在租赁房屋时，名字听起来像非洲裔美国人的客户没有名字听起来像欧洲裔美国人的客户受欢迎，前者的房东接受率比后者低了 16%。看来个人偏见的情况并不是不可能发生的。

在零工经济的模式中，客户常常会对为其服务的人员进行评价，客户评价已成为雇员工作表现评估的一部分。大数据改变着企业有效管理人员的方式，这只是其中一种。

数值化的评估

我曾经供职于一家大公司，该公司有一套复杂的制度来评估员工绩效。这个评估系统完全基于数据而非人类认知。该系统通过一系列措施，以部门为单位评估员工绩效，并要求员工绩效评估结果在所有部门的分布都是这样的：一些高于平均水平，一些处于平均水平，一些低于平均水平。该制度的问题在于：它不允许公司的任何一个部门变得与众不同，因为所有部门都被强加了同样的结果分布。这种制度无法反映员工的实际绩效，数据在这里操控了分布。

如何使用这一系统取决于公司管理者的学术背景。那些没有数据技术背景的管理者往往会简单地相信系统的输出值，但是那些有数据技术背景的管理者却会操纵系统。后者想要了解系统算法，并作出相应的选择。虽然要做到这一点需要花费很多工夫，但是这意味着知情的管理者可以根据自己想要的输出结果开展逆向分析，并提供生成这种结果的输入数据。

这样做显然出了问题。系统本应独立运作直接用于评估员工绩效，但精明的管理者却插手评估系统的运作，目的是获得自己所需的结果。如果类似的系统用于其他组织，而这些组织不加思考地相信系统所产生的结果是正确的（他们想必是被科学蒙蔽了），那么就有可能导致不公平的结果甚至是荒谬透顶的结果。

典型的例子便是一些系统对员工绩效的评估并非基于其表现。想象一下，倘若一个系统仅仅因为你的姓氏以 S 开头，或者你来自某个特定的地区，就给你支付更高的工资，这是不是十分荒唐可笑呢？这样的荒唐竟然在现实中存在。有的管理者对计算机过分信赖，坚信其绝不会出错，加之这些管理者对数据的输出结果是如何得来的并不知情，所以他们很容易就会接受系统的输出结果。特别是那些认为处理数据系统技术问题是在浪费时间的管理者，就更容易毫不怀疑地接受系统的输出结果了。

来看一个具体的例子。凯西·奥尼尔在她的著作《算法霸权》（*Weapon of Math Destruction*）中描述过这样一个例子。华盛顿特区的学校表现每况愈下，市长请来教育名家米歇尔·李（Michelle Rhee）解决问题。李认为问题出在糟糕的教学质量上。很有可能问题的确在此，但是衡量教学质量是一件非常棘手的事情，哪怕只是确定一位老师表现是否优秀都需要专家连续数小时的监督和判断，这样做投入太大，很不现实。

虽然关于教师表现的数据很难获得，但是关于学生表现的数据却是唾手可得。因此，李开发了一个名为 IMPACT 的系统，利用学生的表现数据来反映哪些教师做得好，哪些教师做得不好。注意，这些取自学生的数据，并不一定能真实说明老师的表现。但是因为获得这些数据简单方便，花费不高，因此这样一个系统得以运行。系统运行第一年结束时，排名倒数 2% 的教师被解雇，第二年，排名倒数 5% 的教师被解雇，在这一年内，就有 200 多名专职教师被解雇。

现在，我们一眼就可以看出其中的问题——这个排名是系统强加的一个任意分布。那些排名靠后的人被认定为是失败者，其实系统并不了解这些人在整个行业中排名如何。华盛顿特区可能拥有美国最好的师资力量，该地区排名倒数 5% 的教师可能和俄亥俄州哥伦布市排名靠前 10% 的教师表现差不多。我说的是可能，并没有说事实一定如此——关键是，究竟是不是这样我们无法得知。

决定一个老师表现是否优劣的数据也有问题，与之相比，系统是否强加了一个任意分布就不算问题，不值一提了。决定老师命运的数据根本不能体现老师教学效果的好与差——这和姓氏首字母并不能代表优劣是一个道理。萨拉·维索茨基是第二波被解雇的教师之一，专家曾听过她的课，因其表现优秀她曾被评为优秀教师，但是算法却把这位曾经的优秀教师置于排名倒数 5% 的行列。该算法通过观察学生在数学和识字方面的进步来衡量老师的表现，是由一家名为"数学软件政策研究所"的咨询公司开发的。

算法面临的任务是很复杂的。算法必须评估学生的学习表现，但是，如果一个学生因没有到校学习而没有学业上的进步，教师显然不应当对此负责。面对这些情况，算法既不能通过数据来作出正确的判断，也不能测试错误并进行自我修正。其实，优秀的算法可以利用大数据不断进行自我修正。例如，如果优秀的算法系统拥有所有学校所有教师的数据，它便可以在一名教师跳槽到其他地方时，根据所有相关数据对评估结果作出修正。但在有的地区，评估系统具有地域局限性，一旦某教师被解雇且重新聘用，这位教师之前的数据就无迹可寻了。算法就是这样，有时算法得出的唯一合理结果就是"不可能通过现有数据有效衡量员工的绩效"。

从某种意义上来说，这就是大数据方法应用于小数据问题所导致的结果。如果该系统最初用于衡量全国所有学校的绩效，而非教师的个人绩效，就会收集到数百万的学生数据，并在此基础上展开推算，就算教师数据有限，也应该能够比较准确地评估出教师绩效情况。但是，单看一个班级一个教师的数据，哪怕这个班规模超大，也很难准确评估出教师绩效情况，很难让统计结果具有说服力。

这个例子牵涉到的另一个因素就是 GIGO——无用输入和无用输出。为了掌握一年来学生的进步情况，该系统从前一年年底的考试成绩中获取数据。萨拉·维索茨基被解雇前最后一节课所教的学生前一年在另一所学校学习，且年底考试成绩得分颇高，然而他们在萨拉·维索茨基所在学校的表现却低于平均水平。不要忘了，这些学生之前所在的学校非常看重学生分数，因为学生分数会决定学校的评估结果。随后的调查发现，这所学校曾多次出现大规模修改学生成绩的情况，因为有人曾建议学校这样做以确保学生取得高分。如果维索茨基任教班级的成绩一开始就被人为抬高了，那么衡量其"进步"的做法是不是荒唐可笑呢。

凯西·奥尼尔还举了一个更典型的例子，这个例子和一位名叫蒂姆·克利福德的英语教师有关。虽然克利福德所在的学校没有推行"排名靠后炒鱿鱼"的政策，但是也使用了类似的评分排名系统。曾经有一年，克利福德惊恐地发现自己在满分100分的评分中只得到了6分，然而，第二年满分依然是100分，自己却得到了96分。克利福德前后两年的工作表现并没有什么差异，但是算法却提供了两个大相径庭的结果。这个例子只能说明分数与其所评估的"教学质量"之间几乎没有什么关联。

本节中提到的大数据应用主要针对的是那些已经有了某个职位的人。事实上，大数据的应用范围也包括正在求职的人，因为大数据也越来越多地用于求职招聘。

"助"你求职

求职不是一件简单的事。一些大公司往往会想尽办法让求职者压力倍增，要么给出一连串的测试，要么给出需要横向思维才能解决的难题。求职者四处寻求面试机会。如今，越来越多的求职测试结果被纳入大数据系统中，这些大数据系统依据算法评估出的结果让求职者获得推荐就业的机会（当然也有可能让求职者得到被淘汰的消息）。

二十世纪九十年代，我经常参与一家大公司的招聘工作。我们每年都在招聘技术职位新入职者，并通过申请表、面试和笔试等来评估职位申请人。和许多公司一样，我们也规定了应聘者所需的最低教育门槛——某个学位，我们希望招聘到的人才在大数据使用方面有独到的见解。

面试是招聘过程中重要但有缺陷的一个环节。面试时公司需要派出三名专家参与其中，面试耗时耗力，且每次只能通知数量有限的应聘者参与。尽管有足够的数据表明面试效率不高，但它却是招聘流程中唯一能与应聘者真诚互动的一环，因此很多公司非常重视面试，我们也想一直保留面试环节。在这种情况下，公司就必须在面试之前提前以某种方式筛选淘汰一批应聘者，剩下的才能顺利进入面试的环节。

如今，应聘者面试之前的筛选工作很有可能通过在线测试的方式进行。在过去，我们没有大数据技术，因此常常把测试纳入面试环节中，成为面试一部分，而且我们必须在测试前有所筛选，学历学位就起到了筛选的作用。其实，我们招收过高中课程结业生，事实证明他们和拥有学位的大学毕业生一样优秀，充分的证据表明，要胜任我们的这份工作，学历并不是必需的。然而，如果没有学历等限制条件，应聘者人数会暴增，我们将无法应对。学位要求是一种减少数量的过滤方法，其实这和选择姓氏字母表前五个字母开头的应聘者本质是一样的，只是表面上让人感觉更公平而已。

至少我们了解自己在做什么。然而，当一个复杂的算法进行选择时，结果很容易被扭曲，无人能够了解。例如，许多大公司在招聘过程中都会使用性格测试，我们也使用过，通过性格测试了解应聘者是否适合不同的团队，但我们从未把性格测试结果当成决定应聘者能否求得职位的关键因素。大数据算法不一样，可能会把性格测试的结果列为重要的数据，因此如果有人在性格测试后被归为内向和有点孤僻的一类，就很可能会被淘汰出局，而没有人知道这种性格测试是如何影响最终结果的。

如今的大数据系统正从事着过去人工筛选应聘者的工作，在一个依靠网络求职的世界里，这种筛选工作显得比过去任何时候都重要。与此同时，大数据系统还很轻易地就走进了你在脸谱网、推特、领英和照片墙上的神秘世界。问题是这些供你偶尔秀秀晚餐照片、逗逗猫咪再幽默几句的社交平台是怎么为求职系统提供有用数据的呢？现实世界中的面试官可能会对你讲的一些醉酒之夜的故事感到惊讶，但大数据系统不会，它只会利用你的网络信息进行推测,你在领英上和什么样的人联系?你多久发一次帖子?
有多少人在推特上关注你?

这些数据可以与行为相匹配,如团队合作、社交能力等。在
某种程度上,这其实和过去滥用个人信息筛选应聘者的做法一样,
但是求职系统更高明,它们不需要对你进行测试,而是利用你在
网络上公开的数据(你没有多少网络公开数据这一点其实也是数
据)间接评估你的个性。和其他大数据系统一样,求职系统也会
基于某种算法,这些算法具体是什么样子的只有提供大数据服务
的公司才知道。对于应聘者而言,一个也许只能随机生成数字的
黑盒子却决定了自己的未来。

和其他许多类似的系统一样,求职系统不但在使用什么数据
以及如何使用数据方面没有透明度,而且也不具备一套成熟的机
制来测试用于预测结果的数据是否有效。我们想知道谁最适合干
这份工作,但是系统拥有的只是和个人成长相关的一些数据,这
时系统所能做的就是尽量找出某个人过去的数据与未来工作能力
之间的联系。但是请记住一点:相关性并不等同于因果关系,即
使能找到二者之间的联系,那可能也只是巧合,因为两者之间并
不存在因果关系。更何况找到联系的可能性都很小,因为有可能
系统设计者只是一时兴起而随意为系统选择了某些预测数据。

有些网站专门挖掘数据中的虚假相关性。登录这些网站,我

们会发现美国从挪威进口原油与铁路列车碰撞中丧生的司机有关，马苏里拉奶酪的人均消费与土木工程博士学位授予数量有关，想要知道自己死亡的日期的人（虽然不可能知道，但我们假设这些人有机会知道的话）比其他人更不在乎比萨皮脆不脆等不靠谱的信息。就算招聘系统所采用的评估方法的确和好职员的挑选有所关联，也不能说两者之间存在因果关系。如果说二者之间存在因果关系，很可能就和本段给出的这些例子一样荒谬而不合逻辑。

系统很可能严重地滥用数据，但是好在至少参与者是自愿的。倘若大数据监控我们的日常生活，而我们还无法躲避，情况就更糟糕了。

被监控的社会

人们常说自己生活在一个被监控的社会。无论我们走到哪里，都有闭路电视摄像头、警察的随身摄像头、手机、车载摄像头在监控我们——这些视频数据流入大数据系统越多，就越有可能被滥用来控制我们的日常生活。有些情况更过分，在道路公共设施上安装麦克风，让我们处于智能语音系统的管控之下，而我们却对此一无所知。这里我们再说说视频监控。

监控录像已成为警察机关取证的重要手段。人类的目击未必可信，所以我们有充分的理由不再单单依靠目击证人所提供的证据来破案。尽管一个世纪以来，学者们已经意识到目击证人的证词有多么不可靠，但此类证据仍然出现在法庭案件中，陪审团在很大程度上仍然相信这些证据。事实本不应该如此。

1901年12月，德国柏林曾进行过一项实验，力图证明证人证词的可信度不高。犯罪学教授弗朗茨·冯·李斯特（Franz von Liszt）组织学生们参与一场研讨会，会议开到一半爆发了一场争论，随即研讨会一片混乱，突然一声枪响，一名学生倒地身亡，所有人都吓呆了。这时候，教授告诉大家，实际上并没有人受伤，这只是一次演练，并希望每个学生都把自己看到的详细情况记录下来。

和其他许多案件的证词一样的是，这次证人们的证词在事件发生后就被记录下来；和其他许多案件的证词不一样的是，学生们已经得知自己记录的所看到的一切并不会置任何人于危险当中，所以他们并没有十分惊讶和紧张。学生们坐下来，开始用笔记录下自己刚刚经历的事件。

弗朗茨·冯·李斯特教授本人也没想到最终的实验结果竟然是这样的：全班学生对所发事件的叙述截然不同。大多数人把事件发生的时长记错了；很多人把事件发生的先后顺序弄错了；有人还描述了"凶手"是如何逃出房间的，事实上"凶手"并没有逃；最令人失望的是，"证人"们在指认挑起事端的"嫌疑犯"

时，竟然给出了八个完全不同的名字。

人类凭记忆举证竟然如此可怕。相比之下，视频就好得多，至少它不会记错发生了什么。只要摄像头视频图像清晰，它就完全可以替代人证。一旦视频加入大数据系统中，其重要作用就可以更大程度地发挥出来。警员不再苦于数小时盯着监控视频开展无聊的搜索——即使这样也极有可能错过关键证据——人工智能系统可以帮上忙。也许人工智能系统还算不上完美，但它却可以很优秀，将长达数小时的视频缩减为几分钟的关键镜头供警员查看。这有点像大型强子对撞机上的软件，能自动挑选出最有可能进行进一步处理的数据（关于大型强子对撞机的相关论述请见第五章）。

好的智能识别软件可以对个人或汽车进行追踪，追踪其从一个摄像头移动到另一个摄像头的所有影像，同时描绘详细的运动轨迹图。有时追踪目标只是为了完成一些简单的任务，比如现在英国广泛使用的摄像头主要用于查找无证车辆并进行标记；但有时情况要复杂得多，比如追踪失踪人员的最后行踪等。

这样做没有对错之分，我们必须容忍一些东西来换取社会的公平和安定。只要我们对数据处理得当，且只限其为合法调查提供证据，就是在明智地使用数据，当然前提是我们拥有足够强大的措施来防范数据滥用。然而，一旦大数据被用于预测哪里可能发生犯罪事件时，平衡的天平就会向"老大哥"倾斜了。

我们知道你要做什么

预测犯罪大家并不陌生。还记得2002年的电影《少数派报告》的开场剧情吗？2054年，一名酷似汤姆·克鲁斯的警官皱着眉头，站在一面巨大的电脑显示屏前，点击控制键、扩展视图、拖动图像，就好像他在一台巨型iPad上工作一样。

其实，在犯罪案件还没有发生时，这名警察就已经知道了谁是杀人案的罪犯和受害者，他还能准确地指出案发时间。这位警官现在正在推断准确的案发地点。在案发前几分钟，这名警官带领一支精干的队伍快速赶到现场，在行凶者还没来得及作案之前便将其逮捕。

该部影片根据菲利普·迪克于1956年出版的短篇小说《少数派报告》改编，情节纯属虚构。书中描述了一些具有特异功能的人——他们被称为"先知者"——能够预见未来。现实中不可能存在这样的人，没有科学证据证明世上存在"先知者"或"千里眼"。然而，大数据确实带给人类一瞥未来的最大希望。不需要等到科幻小说描写的2054年，就是现在，在美国和英国的大街上，都在使用一种叫作"犯罪预测软件"的系统。

如今，警方越来越广泛地使用"犯罪预测软件"以及"电脑判官""预测实验室"等其他类似的软件来管理有限的警察资源。虽然这类系统还不能准确预知某人将要在何时犯罪，但是它们可以将城市划分成足球场般大小的区域块，评估每个区域块的历史犯罪数据，标记出犯罪率较高的区域块，这也说明绘图法是解决问题的有效方式。

早在19世纪，伦敦医生约翰·斯诺（John Snow）就通过绘制家庭用水水源地图，一家一家地标记，最终确定了苏荷区是霍乱爆发的源头。他绘制的地图和标记的病患住所显示出疾病暴发的模式，并由此推断出疾病是由某个水泵传播出来的。斯诺把这台水泵的手柄卸下移走，水泵不再运作，疾病的传播也停止了。后来人们进一步发现，污水是从排水系统不力的建筑物漏入供水系统的，找到了霍乱的源头。斯诺谨慎而富有想象力地运用数据，革新了医学界的认识。当时的医学界认为空气污染是疾病传播的媒介。

大数据驱动的"犯罪预测软件"超越了斯诺的分析和研究，能掌握海量数据，并利用这些数据来预测犯罪最有可能发生的地点，警察可以针对这些区域加强巡逻，有效部署稀缺警力，发挥最大效力保护城市或地区。斯诺预先设定供水水源出问题是他推测出疾病源头的关键，"犯罪预测软件"和其他警用预测软件没有什么预先设定，系统只是简单地尽可能多地堆积数据集。自动取款机和其他容易引发抢劫的目标在哪里？闭路摄像头安装了多少？街道人流量如何？附近有多少已知罪犯？过去的犯罪案件通常发生在哪里？犯罪案件最容易发生在一天中的什么时候？一周中的星期几？是否公共节假日？所有数据综合在一起，最终推测部署警力的最优化方案。一旦部署落实，警察便可以反馈预防犯罪的统计数据，如果取得积极的成果，系统将进一步加强能提供最佳方案的数据统计和分析。

这样做非常合理。其实，在城市内部的治安管理中，人们常常会担心警察过分关注某些少数分子或特定群体。系统和警察不一样，它对个人一无所知，所以不会因为当地居民的年龄、种族或宗教背景等因素而差别对待，它只会充分利用资源。英国肯特郡警察在试用"犯罪预测软件"后处理紧急事件的出警率是以往巡逻的十倍，虽然出警率大幅提高可能保障了安全，但是大数据系统的反馈可能引起针对某一区域民众的歧视，形成恶性循环。

这个问题和如何界定犯罪、是否报案有关。可能很多时候我们所谓的"犯罪"还称不上犯罪，顶多算是一种冒犯。说不定哪天，你就成了犯罪案件的受害者却懒得报案。例如，我以前读书的时候，曾受到过两次攻击，一次是在火车站，我的下巴挨了一拳，还有一次我走在大街上，有人向我扔石块。这两次攻击都是因为我穿了所谓"高级"学校的校服，引来不满。这两次罪行都很轻微，但再轻微也是违法行为，然而，这两次违法行为都没有被警方记录在案。

想象一下，如果一个预测系统告知警方城市的某个区域将会出现犯罪率激增的情况，结果将会怎么样。警察会到达该区域，对很多轻微的过错加以管控，比如我提到的那两次小过错，都会记录进警察的数据系统中，该地区会成为重点管控区域，因此更多的警察会被派遣到该区域——犯罪率会呈现出螺旋下降的趋势。警方应用的大多数系统都具有选择项，可供选择含所有罪行的数据还是只含严重罪行的数据，警方一般都会倾向于选择前者（肯特郡的警方就是如此），因为这样做能够很轻易地降低犯罪率。但是，一旦轻微罪行被纳入警方系统，犯罪率螺旋下降的同时，本来没有的歧视就会出现，因为某些区域轻微犯罪的频率较高，自然成为警察过分关注的对象，大数据系统让这种歧视越来越严重。

万人之需

总的来说，我们在处理大数据时面临很多困难，其中之一便是大数据难以做到对每一个人、每一个群体都有利，对某方有利，可能就会对另一方不利。如果使用大数据只会对国家或某个公司有利，对个人没有任何好处，或者如果算法设计得非常不合理，就像前文提到的教师排名系统，人们会很容易提出反对意见并停止使用相关大数据系统。但是，如果各方都得到了某些好处，反对就并不那么容易了。也许最难做到的就是将大数据对多数人的影响和对少数人的影响放在一起作出权衡。

很多大数据系统对大多数人有利，却会让一小部分人失落。有时，小失落不算大问题。例如，你收到很多来自奈飞公司等流媒体的观影推荐，大多数推荐你都很满意，那么偶尔出现不合心意的推荐信息，你也可以容忍。可能因为你偶尔看过美国电影，所以系统给不喜欢体育的你推荐了一部棒球主题的电影，你也觉得无可厚非。

但是，如果大数据系统涉及的是有关你就业或信用评分的数据，你就不会轻易容忍了。以个人信用评分系统为例。以前，你和银行经理人交流，是在和一个真实存在的人交流，银行经理人会根据你提供的信息评估你是怎样的一个人，是否存在信用风险等。而现在，你申请贷款时，所有结果完全取决于算法和大数据。

系统将提取你目前的所有贷款信息，以及你的收入、还款和违约记录交给算法，算法会对这些数据进行分析，系统会基于算法的分析很快对你作出个人信用评分的判断和决定。你无法知道算法是如何作出判断和决定的，因此也无法及时发现可能出现的问题。比如，你无法获知某个数据不正确，抑或，你无法指出因上个月银行计算机系统出问题才导致你无法按时还贷，而非个人原因。

一些贷款机构系统的算法比个人信用评分系统的算法更加隐秘不透明，他们声称引入一些额外的个人数据，可以把钱借给那些可能原本贷不到款的人（这样做好不好还有待探讨）。在英国，最著名（或者说最臭名昭著）的在线短期贷款平台叫 Wonga。

除了信用评分，Wonga 系统还可以通过大数据获取贷款申请者的信息。他们是否使用社交媒体？可以从这些社交媒体上了解他们的朋友，从朋友那里了解他们作为潜在客户是否可能存在信用风险？他们使用什么样的途径访问 Wonga？他们为什么要访问 Wonga？算法决定是否发放贷款并没有一套清楚明了的规则。当然，刚开始系统会有一些规则，例如，系统一开始会假设"一个人网上的朋友通常会按时偿还贷款，那么这个人也会倾向于偿还贷款"或"一个人生活的区域大多数人都不会违约，那么这个人多半也不会违约"；等等。随着时间的推移，系统将自我调整以提高效率，会把一些匪夷所思的数据关联起来，只要能够得出结论，什么数据都可能纳入系统的算法中。

个人信用评分依赖于糟糕的算法，充其量是半透明的，得出的结论非常随意。可以说，在这方面，Wonga 这样的网上借款平台表现更加差劲。每一天，个人信用评分系统都会记录每个人的金融"污点"，这使得这些有"污点"的人以后进行金融交易困难重重。一个隐藏的算法有权使个人破产，这真的公平吗？

这样看来，大数据真的是糟糕透顶了。但是，其实被大数据所取而代之的老传统也好不到哪里去。如果说大数据系统满足了大部分人的需求而忽略了少部分人的需求，让少部分人难受，那么过去的老传统却只满足了小部分人的需求而忽略了大部分人的需求——因为你和银行经理人交流得怎么样很大程度上取决于你认识谁、你的社交圈怎么样，毕竟认识对了人且社交圈对路的人占少数。新旧两种方法都不完美。

虽然对比起来可能大数据系统更可取一些，但是我们还需要让算法公开透明，让每个人都清楚自己的个人信用评级是怎么得来的，自己如何能够快速有效地更正系统出现的错误和避免系统出现"死亡螺旋"数据（即一个数据错误导致出很多问题，让评分系统更加混乱的情况）。例如，可以立法要求银行详细说明其是如何作出贷款决定的，让算法一目了然。

尽管银行为发放贷款或信用卡使用的个人信用评分系统存在局限，但至少银行是为了真正的需求才使用这些数据的。然而，一些为银行服务的个人信用评级机构却滥用数据。这些机构发现自己除了银行还可以拥有更多的客户，于是他们向个人客户出售其本人的数据。客户本人当然有权免费看到自己在信用评级机构系统中的数据。一些国家已经意识到这是一种疯狂的行为，但还有一些国家却公然允许这些机构肆意妄为，欺骗他人。这样一来，滥用数据的行为越发猖獗。

　　一些机构已经开始使用个人信用评级结果来评估即将入职的新员工，这种想法过于简单。这些机构可能会想一个连自己的财务都管理不好的人怎么能让其在行政部门工作呢？但问题是把一个地方获取的有限的东西应用到另一个地方，这犯了一个错误。有些人对自己的钱财管理松懈，但是对别人的钱财却可以细心保管。如果一个人刚失业或刚入职（很多刚毕业的学生就是如此），个人信用评级不会很理想，但这并不能说明他们工作能力不强。

　　我们喜欢把世界想象成黑白分明。但事实上，大数据存在许多不白不黑的灰色地带。

7

利、弊、丑

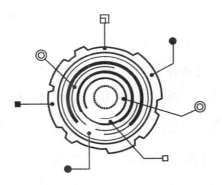

▶▶▶

蜘蛛侠效应

一般我们很难从一位动漫英雄的口中听到极富哲理的话语，但蜘蛛侠除外，他有一句世界宣言（也许带有一定的浮夸成分）——"强大的力量带来巨大的责任"——令人印象深刻。这句话应该写入每一本"如何成功应用大数据"的书籍中。正如我们所看到的，大数据既可能给用户和系统所有者带来好处，也可能给用户和系统所有者带来风险。

我们谈论的是"大数据"系统，其实数据本身是中立的。大数据的成败取决于算法的质量——算法就是将数据汇聚到一起并通过大量的数据输入作出决策和发现结果的计算机程序。算法处理信息的能力远超人类，但它们缺乏人类的情感和感知。

大数据系统最重要的是要具备透明度，在其出错时能让人们清楚地看到这些错误。蜘蛛侠告诫大家要重视"责任"，大数据系统的所有者也应该重视责任，他们有责任深入了解系统的运作细节，并有责任发现那些反馈到系统中的错误并加以修正。

许多大数据所有者不愿承担这种责任。他们会辩称自己的算法是专有的，无法向终端用户解释，认为增加透明度会损害自身利益。然而，这样做是不对的。当一个大数据系统会对人们的个人生活产生影响时，公开透明的算法对于人们而言是一种保护，增加算法的透明度很有必要。允许大数据所有者侥幸逃脱并辩称"我们的算法是专有的，不能泄露"，就好比允许汽车制造商辩称因担心泄露商业秘密而拒绝对汽车进行安全测试一样。当然，要阻止大数据所有者这样做很难。目前，无论是决定向我们销售什么产品的算法，还是决定我们的信用评分如何累积的算法，都侥幸逃避了太多的责任。

另外，大数据所有者还不愿意构建在系统出问题时能自我纠正的反馈体系，他们这样做的原因不得而知。构建反馈体系并不是要泄露任何信息，而是保证系统正常工作，更好地为个人服务。坦率地说，拒绝在算法中添加错误更正程序的唯一原因可以归结为两点：懒惰和节约成本。同样地，这些系统会对人们的个人生活产生影响，因此其所有者就不应当拥有可以选择不构建反馈体系的权力。

关于大数据，我们已经听到了一些令人不快的事实。但是，存在这些事实并不意味着我们要掀起一场勒德分子（Luddite）的论战，煽动大众捣毁机器，回归自然。大数据能让我们充分利用现有的卓越技术，让我们生活得更健康、更美好。我们不想抛弃它，也不应该抛弃它。诚然，正如我们所看到的，大数据的应用伴随着风险，无论数据所有者还是终端用户或客户都需要意识到这些风险。

利——数据让你自由

让我们先从利的一面说起。我认为大数据能让人类自由的说法毫不夸张，获取尽可能多的数据不仅对科学大有裨益，对我们每个人也大有裨益。只要大数据管理得当，它可以让政治实现真正的民主，也可以让我们在生活中作出更明智的决定。大数据给我们带来前所未有的娱乐体验。在医学领域，大数据可以带来更高的治愈率，验证医学猜测，创造医学神话。还有，我们乐于获取信息，而大数据可以用前所未有的方式传递各类信息，带给我们无比兴奋的感觉。

要实现大数据带给我们的"利"，唯一的要求是我们可以方便地访问数据，充分利用工具来操控和理解大数据，并且通过算法来处理数据错误和数据误用等情况。

这样做会产生很多影响，其中之一就是对教育的影响。我们应该考虑改变现有的教育体系以适应大数据时代的到来。当前的应试教育体系过分看中学习的目的性，似乎学习仅仅是为了未来从事某个职业做准备，因此会过分看中传送一些今后可能永远不会使用的知识。这样的教育体系是为前大数据时代设计的，并不适合大数据时代。当前，有必要给年轻一代提供操作和理解大数据的工具，但要避免他们沉迷于数据不能自拔。这样做非常有必要。我们知道，年轻一代在大数据的环境中长大，他们习惯并擅长于随时与手机、电脑等交流，虽然他们学习了计算机科学方面的课程，但是这些课程并不会告知他们任务切换有多大的破坏性，也不会告知他们随意地在网上摘取大量信息却不仔细消化会产生什么不良的后果。其实，年轻一代更需要学会如何更好地认识数据和处理数据。然而，我们当前的教育还在固执地教授某些课程，寄希望于学生们在学习时死记硬背、在考试中照本宣科，而不是赋予学生们真正的技能去询问和操控大数据，去探索大数据滥用之源，从大数据中发掘最大的价值。真正的大数据课程考试应当是开卷考试，并且访问网络时开启只读模式（主要为防止学生交流作弊），因为考试的目的是测试学生的技能，而不是测试学生的记忆力。

如果不改进教育方式，教会年轻一代如何应对大数据的影响，我们就正在走向通往黑暗世界的道路。

弊

在英国，虽然民众常常抱怨政客、不信任政客，但总体还是倾向于认为国家是为自己着想的，这就是我们很难理解美国对枪支管控态度的部分原因吧。在某种程度上，这种态度似乎是由某种信念驱动的，即民众不信任国家，民众需要有能力保护自己不受国家伤害。这个世界上还存在国家压制民众并且过度控制民众的例子，这样的例子还不少。一旦国家这样做，大数据就可以迅速转变成国家压制民众的工具。

从历史上看，在许多极权主义政权中，国家让民众互相对立、反目成仇和相互牵制。这其实是一种费时低效的管控手段，国家花费大量时间监控民众，而民众时刻处于恐惧之中，对朋友和亲戚都缺乏信任。

在某些特殊情况下，政府因管理需要访问正常范畴之外的数据，这可以理解。但是，这种访问应当只限于特殊情况。即便是政府也不能因为方便就随时地、无限制地访问数据。当然，我们也需要看到政府应用大数据所带来的积极一面。有了大数据，民众也有机会反过来了解政府，有机会自由地、轻松地了解自己的国家。目前，民众要自由访问这些信息还受到很多限制且成本颇高，但是有了大数据，任何人便可以轻松获取相关的政府信息。如果民众对政府建立了正确的认知，便可以实现真正的民主，确保政府和企业不会有滥用大数据的机会。

这样的话，大数据就只剩下丑陋一面需要注意了。下面我们来谈谈大数据的丑陋一面——黑客问题。

丑

有时我们似乎很难区分哪些是敲诈自己的公司，哪些是黑客。如今，虽然世界上存在很多支持黑客行动的国家行为，但是这些国家行为的存在并不能说明我们不反对黑客。我想没有人愿意自己的生活因黑客控制了自己的家园或生活而被毁掉。

例如，我家里安装了智能照明系统，在我到家时系统会自动开灯，照亮我回家的路（详见第四章"数据驱动的智能之家"一节），但是如果此系统遭黑客攻击，黑客能随心所欲地控制我家的照明系统，那么"智能之家"就不再让人感到惬意了。看看更可怕的情况吧。想象一下电视剧《黑客军团》里的场景：黑客们占领了一间配备大数据技术的智能屋，利用大数据驱逐了智能屋的主人，长时间霸占了智能屋。

大规模的大数据正开始步入我们的家庭。当然，即使你家里没有任何智能技术的影子，你也会在飞机上或医院里发现越来越多的大数据应用。日益广泛的大数据应用同时也意味着人类在遭受"数据恐怖主义"袭击时的脆弱性。

我们绝不能给恐怖主义任何机会，同样地，我们也绝不能给黑客任何机会。当然，我们也没有理由放弃大数据，只是我们必须随时保持警惕，打一场改善系统安全的战争。为此，我们更应该去了解什么是大数据，以及我们该如何与之互动。其中很重要的一点就是我们一定要对两个大"A"保持质疑。

两个大"A"

两个大"A"指的是算法（algorithm）和假设（assumption）。大数据系统的好坏取决于用以访问和管理数据的算法，这些算法的好坏又依赖于它们的设计者是否能够对系统的用户作出准确的假设以及是否能对从数据中得出的推论作出准确的假设。

假设是大多数决策失败的关键。我们假设认为自己可以在交通信号灯变色之前顺利通过；我们假设认为自己能在短时间内赶上火车；我们根据一个人的外貌来作出假设判断；我们假设什么是可能的，什么是不可能的——这些假设阻碍了创造力的发挥和新想法的产生。同样地，我们写算法的时候，会对数据的局限性和运作情况作出假设。如我们之前讨论的那样，除非大数据系统可以被不断修正，否则这些假设只会阻碍大数据的正确应用。

看看计算机代码中的有关假设的一个小例子吧——千年虫。计算机开始发展起来之时是二十世纪六十年代，那时似乎离 2000年还很遥远，当时存储空间有限，为了避免日期年份等占用太多空间，日期的记录常常会以某特定起始日期为参考坐标来衡量偏移量，并且很多系统假设所有日期的年份都以 19 开头。到了2000 年后问题就出来了。系统完全有可能按照假设将 2017 年错误地记录为 1917 年，这会导致错误的数据输出，或者导致程序崩溃，例如，在计算 1973 年出生的人的年龄时，系统会用 1917 减去 1973 来计算。

千年虫出现之后，大量的人力、物力、财力被投入到预防系统故障方面，这些投入是之前的程序员们没有假设到的。众所周知，对于飞机的空中飞行系统来说，检查和测试尤其重要，但对于普通办公软件来说，检查和测试就不一定那么重要了。之前的程序员们作了一个假设，假设 2000 年遥不可及无须担心，然而这个假设是错误的。

这一事件的教训是：大数据算法的设计者们应该尽可能地作出正确的假设，并反复测试这些假设。总有一些问题可能会被忽略或遗漏，需要不断反馈和修正。另外，设计者们在系统真正运行之前还应周全考虑各方面后果和影响。

不要忘记知识

我们在探讨大数据的未来时，也应考虑到大数据还存在一个局限，那就是大数据在提供信息方面做得很好，但是在知识储备方面却有很多不足。2011 年，IBM 公司开发的超级电脑沃森系统（Watson）在美国智力竞赛节目《危险边缘》中与人类对抗，获得胜利，广受瞩目。然而，沃森在问答环节出现了错误，还错得离谱。例如，在回答某机场位于哪座美国城市的时候，沃森的回答却提到了多伦多，看来大数据缺乏所谓的常识。

计算机教授赫克托·莱韦斯克（Hector Levesque）认为，由大数据驱动的人工智能总会遇到一些罕见的问题，这就是概率分布中的所谓"长尾"，在可能不会出现任何特殊情况的时候出现一些意想不到的情况，而系统在面对这些意想不到的情况时可以使用的现成数据却很少。这时，知识——确切来说是常识——是最好的解决之道。有时，系统只依靠过去的数据是不够的。一辆只靠过去数据来帮助其作决定的自动驾驶汽车可能遇到下面这些情况就会难以抉择，比如，遇到牲畜跑上了高速公路，或者遇到了英国斯温登那令人恐怖的"魔圈"环道——五个独立的小环形车道合并形成一个大环形车道等。

为了让大数据进一步支持人类智慧的发展，很可能我们将不得不重新审视过去几十年某些被边缘了化的知识库人工智能研究。无论情况是否如此，有一点是毋庸置疑的，那就是大数据将对人类的生活产生越来越重大的影响。

大数据影响下的未来

我们可以探讨大数据的利弊，我们也可以在赞扬大数据优越一面的同时，忧心大数据的丑陋一面。无论如何，我们必须承认，就如同出了瓶子的精灵不会再回到瓶子里一样，大数据会在未来和我们相伴相随，因此我们需要明智地许愿。

只要我们学会真正了解和应用大数据，并确保大数据的算法公开透明，不让人类陷入无路可退的恶性循环中，大数据就一定会造福你我他。

人类历经了各种发展，每一步发展都是双刃剑，这便是进步的本质。火给人类带来熟食，极大地提高了人类安全进食的能力，还让人类拥有了温暖的家园；但倘若使用不当，火可能给人类带来致命的伤害。物理学为人类提供了无与伦比的知识，让人类了解宇宙的运行规律，还给人类带来了不可思议的电子技术，但物理学也让人类第一次拥有了轻易毁灭自我的能力。

在大数据的时代与世界发展背道而驰，宣扬"我希望这一切都不存在"纯粹是无稽之谈，毫无意义。因为一切都存在，大数据也存在。我们可以利用大数据来创造未来辉煌的新生活，但是我们不能忽略大数据所带来的问题。忽略问题，把所有决策都抛给技术人员处理，我们将无法创造辉煌。

大数据影响下的未来应该是光明的。只要我们擦亮双眼，砥砺前行，光明的未来就属于我们。

拓展阅读

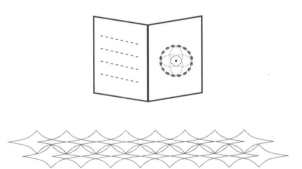

▶▶▶

1. 想你所想

NETFLIX AND BIG DATA−Streaming, Sharing, Stealing, Michael
D. Smith and Rahul Telang (M.I.T. Press, 2016)

PRECRIME−The Minority Report, short story appearing in *Minority
Report*, Philip K. Dick (Gollancz, 2002)

SCIENTIFIC STUDY OF PRECOGNITION−Extra Sensory, Brian
Clegg (St Martin's Press, 2013)

2. 规模很重要

OUR DEPENDENCE ON PATTERNS−Dice World, Brian Clegg
(Icon Books, 2013)

BLACK SWANS-The Black Swan, Nassim Nicholas Taleb (Penguin,
2008)

PSYCHOHISTORY AND HARI SELDON−Foundation Trilogy,
lsaac Asimov (Everyman, 2010)

ALGORITHMS−Algorithms to Live By, Brian Christian and Tom
Grifiths (William Collins, 2016)

3. 血拼到底

FLASH CRASH–Algorithms to Live By, Brian Christian and Tom Grifiths (William Collins, 2016)

TARGETED ADVERTISING–Big Data, Timandra Harkness (Bloomsbury Sigma, 2016)

4. 快乐时光

HISTORY OF THE INTERNET–Where Wizards Stay Up Late, Katie Hafner and Matthew Lyon (Simon & Schuster, 1998)

NETFLIX AND BIG DATA–Streaming, Sharing, Stealing, Michael D. Smith and Rahul Telang (M.I.T. Press, 2016)

E-BooK SALES STRATEGIES–Streaming, Sharing, Stealing, Michael D. Smith and Rahul Telag (M.I.T. Press, 2016)

PREDICTING A BESTSELLER–The Bestseller Code, Jodie Archer and Matthew Jockers (Allen Lane, 2016)

SPEECH GENERATION AND RECOGNITION–Ten Billion Tomorrows, Brian Clegg (St. Martin's Press, 2015)

SOCIAL MEDIA IMPACT ON BEHAVIOUR–The Cyber Effect, Mary Aiken (John Murray, 2016)

SOCIAL MEDIA IMPACT ON CONCENTRATION–The Distracted

Mind, Adam Gazzaley and Larry D. Rosen (M.I.T. Press, 2016)

5. 解决问题

RANKING UNIVERSITIES–Weapons of Math Destruction, Cathy O' Neil (Allen Lane, 2016)

The Shockwave Rider, John Brunner (Gateway, 2014)

GIG ECONOMY NAME DISCRIMINATION– 'Are Emily and Greg more Employable than Lakisha and Jamal? A Field Experiment on Labor Market Descrimination', Marianne Bertrand and Sendhil Mullainathan (in *American Economic Review*, vol. 94, no. 4 [September 2004], pp. 991–1013)

6. "老大哥" 的大数据

1984, George Orwell (Penguin Classics, 2004)

TEACHER EVALUATIONS–Weapons of Math Destruction, Cathy O' Neil (Allen Lane, 2016)

PREDICTIVE POLICING–The Cyber Effect, Mary Aiken (John Murray, 2016)

7. 利、弊、丑

KNOWLEDGE AND COMMON SENSE−Common Sense, the Turing Test, and the Quest for Real AI, Hector J. Levesque (M.I.T. Press,2017)

致
谢

　　我和数据信息领域颇有渊源。在学生时代，我们没有电脑，但老师耐心地帮助我们手工制作穿孔卡片，通过邮局寄送到伦敦，大约一周后我们可以拿到打印卡片，这段经历让我认识到准确编码如此重要，所以在此感谢奥利弗·里奇（Oliver Ridge）、尼尔·谢尔顿（Neil Sheldon）和曼彻斯特语法学校。我还要感谢曾经一起在英国航空公司共事的同事们，帮助我掌握了基本的信息技术技能，让我有机会加入到专业的数据行业中来，在此特别感谢苏·阿格尔顿（Sue Aggleton）、约翰·卡尼（John Carney）和基斯·拉普雷（Keith Rapley）。同时，我还要一如既往地感谢英国图标书局（Icon Books）的杰出团队参与制作了这套系列书籍，特别感谢邓肯·希思（Duncan Heath）、西蒙·弗林（Simon Flynn）、罗伯特·沙曼（Robert Sharman）和安德鲁·弗洛（Andrew Furlow）。

图书在版编目（CIP）数据

大数据：正在改变我们生活的新信息革命/（英）
布赖恩·克莱格（Brian Clegg）著；宋安妮译. --重
庆：重庆大学出版社，2020.9
（微百科系列.第二季）
书名原文：BIG DATA: How the Information
Revolution is Transforming Our Lives
ISBN 978-7-5689-2335-4

Ⅰ.①大… Ⅱ.①布…②宋… Ⅲ.①数据处理—研
究 Ⅳ.①TP274

中国版本图书馆CIP数据核字（2020）第127245号

大数据：正在改变我们生活的新信息革命

DASHUJU: ZHENGZAI GAIBIAN WOMEN SHENGHUO DE XINXINXI GEMING

［英］布赖恩·克莱格（Brian Clegg）　著
宋安妮　译
懒蚂蚁策划人：王　斌
策划编辑：王　斌　敬　京
责任编辑：敬　京　　装帧设计：原豆文化
责任校对：邹　忌　　责任印制：赵　晟
*
重庆大学出版社出版发行
出版人：饶帮华
社址：重庆市沙坪坝区大学城西路21号
邮编：401331
电话：（023）88617190　88617185（中小学）
传真：（023）88617186　88617166
网址：http：//www.cqup.com.cn
邮箱：fxk@cqup.com.cn（营销中心）
全国新华书店经销
重庆市正前方彩色印刷有限公司印刷
*
开本：890mm×1240mm　1/32　印张：5.5　字数：108千
2020年9月第1版　　2020年9月第1次印刷
ISBN　978-7-5689-2335-4　　定价：46.00元

版贸核渝字（2019）第 037 号